汎亞人力資源管理顧問有限公司

汎亞人力資源管理顧問有限公司

西進 大陸

No Risk！ Toward China

不冒險

下 集

大陸人資管理手冊

兩岸法規大不同，小心賠了商譽又傷本！

周昌湘◎著

如果經商大陸是您必然的抉擇，這是您應該知道的事！
「隨書獨家附贈完整、實用大陸人資管理光碟乙片」

跨國企業
創造獲利
必備用書

Contents

工會 9

勞動監督檢查 10

Contents

西進大陸
不冒險

7

社會保險與勞動保護 》

熱點評說 ▶養老保險的多層次保險結構

案例1 懷孕婦女勞動權利被侵犯

案例2 互有約定用人單位就可以不為職工辦理社會保險嗎？

企業員工失業保險

問 題　失業保險相關規定

法條來源

<<失業保險條例>>

中華人民共和國國務院令第258號

1999年1月22日

相關法條

第一章　總則

◉ 第一條

為了保障失業人員失業期間的基本生活，促進其就業，制定本條例。

◉ 第二條

城鎮企業事業單位、城鎮企業事業單位職工依照本條例的規定，繳納失業保險。城鎮企業事業單位失業人員依照的規定，享受失業保險待遇。本條所稱城鎮企業，是指國有企業、城鎮集體企業、外商投資企業、城鎮私營企業以及其他城鎮企業。

◉ 第三條

國務院勞動保障行政部門主管全國的失業保險工作。縣級以上地方

各級人民勞動保障行政部門主管本行政區域內的失業保險工作。勞動保障行政部門按照國務院規定設立的經辦失業保險業務的社會保險經辦機構依照本條例的規定，具體承辦失業保險工作。

◉ 第四條

失業保險費按照國家有關規定徵繳。

第二章　失業保險基金

◉ 第五條

失業保險基金由下列各項構成：

城鎮企業事業單位、城鎮企業事業單位職工繳納的失業保險費；

失業保險基金的利息；

財政補貼；

依法納入失業保險基金的其他資金 。

◉ 第六條

城鎮企業事業單位按照本單位工資總額的百分之二繳納失業保險費。城鎮企業事業單位元職工按照本人工資的百分之一繳納失業保險費。城鎮企業事業單位招用的農民合同制工人本人不繳納失業保險費。

◉ 第七條

失業保險基金在直轄市和設區的市實行全市統籌；其他地區的統籌層次由省、自治區人民政府規定。

◉ 第八條

省、自治區可以建立失業保險調劑金。失業保險調劑金以統籌地區

依法應當徵收的失業保險費為基數，按照省、自治區人民政府規定的比例籌集。統籌地區的失業保險基金不敷使用時，由失業保險調劑金調劑、地方財政補貼。失業保險調劑金的籌集、調劑使用以及地方財政補貼的具體辦法，由省、自治區人民政府規定。

第九條

省、自治區、直轄市人民政府根據本行政區域失業人員數量和失業保險基金數額，報經國務院批准，可以適當調整本行政區域失業保險費的費率。

第十條

失業保險基金用於下列支出：

(一)失業保險金；

(二)領取失業保險金期間的醫療補助金；

(三)領取失業保險金期間死亡的失業人員的喪葬補助金和其供養的配偶、直系親屬的撫恤金；

(四)領取失業保險金期間接受職業培訓、職業介紹的補貼，補貼的辦法和標準由省、白治區、直轄市人民政府規定；

(五)國務院規定和或者批准的與失業保險有關的其他費用 。

第十一條

失業保險基金必須存入財政部門在國有商業銀行開設的社會保障基金財政專戶，實行收支兩條線管理，由財政部門依法進行監督。

存入銀行和按照國家規定購買國債的失業保險基金，分別按照城鄉居民同期存款利率和國債利息計息。失業保險基金的利息併入失業保險基金。

◉ 第十二條

失業保險基金收支的預算、決算，由統籌地區社會保險經辦機構編制，經同級勞動保障行政部門復核、同級財政部門審核，報同級人民政府審批。

◉ 第十三條

失業保險基金的財務制度和會計制度按照國家有關規定執行。

第三章 失業保險待遇

◉ 第十四條

具備下列條件的失業人員，可以領取失業保險金：

(一)按照規定參加失業保險，所在單位和本人已按照規定履行繳費義務滿1年的；

(二)非因本人意願中斷就業的；

(三)已辦理失業登記，並有求職要求的。

失業人員在領取失業保險金期間，按照規定同時享受其他失業保險待遇 。

◉ 第十五條

失業人員在領取失業保險金期間有下列情形之一的，停止領取失業保險金，並同時停止享受其他失業保險待遇：

(一)重新就業的；

(二)應徵服兵役的；

(三)移居境外的；

(四)享受基本養老保險待遇的；

(五)被判刑收監執行或者被勞動教養的；

(六)無正當理由，拒不接受當地人民政府指定的部門或者機構介紹的工作的；

(七)有法律、行政法規規定的其他情形的。

◉ 第十六條

城鎮企業事業單位應當及時為失業人員出具終止或者解除勞動關係的證明，告知其按照規定享受失業保險待遇的權利，並將失業人員的名單自終止或者解除勞動關係之日起7日內報社會保險經辦機構備案。

城鎮企業事業單位職工失業後，應當持本單位為其出具的終止或者解除勞動關係的證明，及時到指定的社會保險經辦機構辦理失業登記。失業保險金自辦理失業登記之日起計算。

失業保險金由社會保險經辦機構按月發放。社會保險經辦機構為失業人員開具領取失業保險金的單證，失業人員憑單證到指定銀行領取失業保險金。

◉ 第十七條

失業人員失業前所在單位和本人按照規定累計繳費時間滿1年不足5年的，領取失業保險金的期限最長為12個月；累計繳費時間滿5年不足10年的，領取失業保險金的期限最長為18 個月；累計繳費時間10年以上的，領取失業保險金的期限最長為24 個月。重新就業後，再次失業的，繳費時間重新計算，領取失業保險金的期限可以與前次失業應領取而尚未領取的失業保險金的期限合併計算，但是最長不得超過24個月。

◉ 第十八條

失業保險金的標準,按照低於當地最低工資、高於城市居民最低生活保障標準的水準,由省、自治區、直轄市人民政府確定。

◉ 第十九條

失業人員在領取失業保險金期間患病就醫的,可以按照規定向社會保險經辦機構申請領取醫療補助金。醫療補助金的標準由省、自治區、直轄市人民政府規定。

◉ 第二十條

無失業人員在領取失業保險金期間死亡的,參照當地對在職職工的規定,對其家屬一次性發給喪葬補助金和撫恤金。

◉ 第二十一條

單位招用的農民合同制工人連續工作滿1年,本單位並已繳納失業保險費,勞動合同期滿未續訂或者提前解除勞動合同的,由社會保險經辦機構根據其工作時間長短,對其支付一次性生活補助。補助的辦法和標準由省、自治區、直轄市人民政府規定。

◉ 第二十二條

城鎮企業事業單位成建制跨統籌地區轉移,失業人員跨統籌地區流動的,失業保險關係隨之轉遷。

◉ 第二十三條

失業人員符合城市居民最低生活保障條件的,按照規定享受城市居民最低生活保障待遇。

第四章 管理和監督

◉ 第二十四條

勞動保障行政部門管理失業保險工作，履行下列職責：

（一）貫徹實施失業保險法律、法規；

（二）指導社會保險經辦機構的工作；

（三）對失業保險費的徵收和失業保險待遇的支付進行監督檢查。

◉ 第二十五條

社會保險經辦機構具體承辦失業保險工作，履行下列職責：

（一）負責失業人員的登記、調查、統計；

（二）按照規定負責失業保險基金的管理；

（三）按照規定核定失業保險待遇，開具失業人員在指定銀行領取失業保險金和其他補助金的單證；

（四）撥付失業人員職業培訓、職業介紹補貼費用；

（五）為失業人員提供免費諮詢服務；

（六）國家規定由其履行的其他職責。

◉ 第二十六條

財政部門和審計部門依法對失業保險基金的收支、管理情況進行監督。

◉ 第二十七條

社會保險經辦機構所需經費列入預算，由財政撥付。

第五章　罰則

◉ 第二十八條

不符合享受失業保險待遇條件，騙取失業保險金和其他失業保險待遇的，由社會保險經辦機構責令退還；情節嚴重的，由勞動保障行政部門處騙取金額1倍以上3倍以下的罰款。

◉ 第二十九條

社會保險經辦機構工作人員違反規定向失業人員開具領取失業保險或者享受其他失業保險待遇單證，致使失業保險基金損失的，由勞動保障行政部門責令追問；情節嚴重的，依法給予行政處分。

◉ 第三十條

勞動保障行政部門和社會保險經辦機構的工作人員濫用職權、徇私舞弊、怠忽職守，造成失業保險基金損失的，由勞動保障行政部門追回損失的失業保險基金；構成犯罪的，依法追究刑事責任；尚不構成犯罪的，依法給予行政處分。

◉ 第三十一條

任何單位、個人挪用失業保險基金的，追回挪用的失業保險基金；有違法所得的，沒收違法所得，併入失業保險基金；構成犯罪的，依法追究刑事責任；尚不構成犯罪的，對直接負責的主管人員和其他直接責任人員依法給予行政處分。

第六章　附則

◉ 第三十二條

省、自治區、直轄市人民政府根據當地實際情況，可以決定本條例適用於本行政區域內的社會團體及其專職人員、民辦非企業單位及其職工、有雇工的城鎮個體工商戶及其雇工。

◉ 第三十三條

本條例自發佈之日起施行。1993年4月12日國務院發佈的《國有企業職工待業保險規定》同時廢止。

 企業員工生育保險

| 問　題 | 生育保險相關法律規定 |

法條來源

<<企業職工生育保險試行辦法>>

為配合《勞動法》的貫徹實施，更好地保障企業女職工的合法權益，勞動部制定了《企業職工生育保險試行辦法》。現予發佈，自1995年1月1日起試行。

相關法條

◉ 第一條

為了維護企業女職工的合法權益，保障她們在生育期間得到必要的經濟補償和醫療保健，均衡企業間生育保險費用的負擔，根據有關

法律、法規的規定，制定本辦法。

◉ 第二條

本辦法適用於城鎮企業及其職工。

◉ 第三條

生育保險按屬地原則組織。生育保險費用實行社會統籌。

◉ 第四條

生育保險根據「以支定收，收支基本平衡」的原則籌集資金，由企業按照其工資總額的一定比例向社會保險經辦機構繳納生育保險費，建立生育保險基金。生育保險費的提取比例由當地人民政府根據計畫內生育人數和生育津貼、生育醫療費等項費用確定，並可根據費用支出情況適時調整，但最高不得超過工資總額的百分之一。企業繳納的生育保險費作為期間費用處理，列入企業管理費用。

職工個人不繳納生育保險費。

◉ 第五條

女職工生育按照法律、法規的規定享受產假。產假期間的生育津貼按照本企業上年度職工月平均工資計發，由生育保險基金支付。

◉ 第六條

女職工生育的檢查費、接生費、手術費、住院費和藥費由生育保險基金支付。超出規定的醫療服務費和藥費（含自費藥品和營養藥品的藥費）由職工個人負擔。

女職工生育出院後，因生育引起疾病的醫療費，由生育保險基金支付；其他疾病的醫療費，按照醫療保險待遇的規定辦理。女職工產假期滿後，因病需要休息治療的，按照有關病假待遇和醫療保險待遇規定辦理。

◉ 第七條

女職工生育或流產後，由本人或所在企業持當地計劃生育部門簽發的計劃生育證明，嬰兒出生、死亡或流產證明，到當地社會保險經辦機構辦理手續，領取生育津貼和報銷生育醫療費。

◉ 第八條

生育保險基金由勞動部門所屬的社會保險經辦機構負責收繳、支付和管理。

生育保險基金應存入社會保險經辦機構在銀行開設的生育保險基金專戶。銀行應按照城鄉居民個人儲蓄同期存款利率計息，所得利息轉入生育保險基金。

◉ 第九條

社會保險經辦機構可從生育保險基金中提取管理費，用於本機構經辦生育保險工作所需的人員經費、辦公費及其它業務經費。管理費標準，各地根據社會保險經辦機構人員設置情況，由勞動部門提出，經財政部門核定後，報當地人民政府批准。管理費提取比例最高不得超過生育保險基金的百分之二。

生育保險基金及管理費不徵稅、費。

◉ 第十條

生育保險基金的籌集和使用，實行財務預、決算制度，由社會保險經辦機構作出年度報告，並接受同級財政、審計監督。

◉ 第十一條

市（縣）社會保險監督機構定期監督生育保險基金管理工作。

◉ 第十二條

企業必須按期繳納生育保險費。對逾期不繳納的，按日加收千分之

二的滯納金。滯納金轉入生育保險基金。滯納金計入營業外支出，納稅時進行調整。

◉ 第十三條

企業虛報、冒領生育津貼或生育醫療費的，社會保險經辦機構應追回全部虛報、冒領金額，並由勞動行政部門給予處罰。

企業欠付或拒付職工生育津貼、生育醫療費的，由勞動行政部門責令企業限期支付；對職工造成損害的，企業應承擔賠償責任。

◉ 第十四條

勞動行政部門或社會保險經辦機構的工作人員濫用職權、怠忽職守、徇私舞弊，貪汙、挪用生育保險基金，構成犯罪的，依法追究刑事責任；不構成犯罪的，給予行政處分。

◉ 第十五條

省、自治區、直轄市人民政府勞動行政部門可以按照本辦法的規定，結合本地區實際情況制定實施辦法。

◉ 第十六條

本辦法自1995年1月1日起試行。

 企業員工工傷保險

| 問 題 | 工傷保險條例相關法律規定 |

法條來源

《工傷保險條例》

國務院令第375號

2003年4月27日

相關法條

第一章　　總則

◉ 第一條

為了保障因工作遭受事故傷害或者患職業病的職工獲得醫療救治和經濟補償，促進工傷預防和職業康復，分散用人單位的工傷風險，制定本條例。

◉ 第二條

中華人民共和國境內的各類企業、有雇工的個體工商戶（以下稱用人單位）應當依照本條例規定參加工傷保險，為本單位全部職工或者雇工（以下稱職工）繳納工傷保險費。

中華人民共和國境內的各類企業的職工和個體工商戶的雇工，均有依照本條例的規定享受工傷保險待遇的權利。

有雇工的個體工商戶參加工傷保險的具體步驟和實施辦法，由省、自治區、直轄市人民政府規定。

◉ 第三條

工傷保險費的徵繳按照《社會保險費徵繳暫行條例》關於基本養老保險費、基本醫療保險費、失業保險費的徵繳規定執行。

◉ 第四條

用人單位應當將參加工傷保險的有關情況在本單位內公示。

用人單位和職工應當遵守有關安全生產和職業病防治的法律法規，執行安全衛生規程和標準，預防工傷事故發生，避免和減少職業病危害。

職工發生工傷時，用人單位應當採取措施使工傷職工得到及時救治。

◉ 第五條

國務院勞動保障行政部門負責全國的工傷保險工作。

縣級以上地方各級人民政府勞動保障行政部門負責本行政區域內的工傷保險工作。

勞動保障行政部門按照國務院有關規定設立的社會保險經辦機構（以下稱經辦機構）具體承辦工傷保險事務。

◉ 第六條

勞動保障行政部門等部門制定工傷保險的政策、標準，應當徵求工會組織、用人單位代表的意見。

第二章　工傷保險基金

◉ 第七條

工傷保險基金由用人單位繳納的工傷保險費、工傷保險基金的利息和依法納入工傷保險基金的其他資金構成。

◉ 第八條

工傷保險費根據以支定收、收支平衡的原則，確定費率。

國家根據不同行業的工傷風險程度確定行業的差別費率，並根據工傷保險費使用、工傷發生率等情況在每個行業內確定若干費率檔次

。行業差別費率及行業內費率檔次由國務院勞動保障行政部門會同國務院財政部門、衛生行政部門、安全生產監督管理部門制定，報國務院批准後公佈施行。

統籌地區經辦機構根據用人單位工傷保險費使用、工傷發生率等情況，適用所屬行業內相應的費率檔次確定單位繳費費率。

◉ 第九條

國務院勞動保障行政部門應當定期瞭解全國各統籌地區工傷保險基金收支情況，及時會同國務院財政部門、衛生行政部門、安全生產監督管理部門提出調整行業差別費率及行業內費率檔次的方案，報國務院批准後公佈施行。

◉ 第十條

用人單位應當按時繳納工傷保險費。職工個人不繳納工傷保險費。

用人單位繳納工傷保險費的數額為本單位職工工資總額乘以單位繳費費率之積。

◉ 第十一條

工傷保險基金在直轄市和設區的市實行全市統籌，其他地區的統籌層次由省、自治區人民政府確定。

跨地區、生產流動性較大的行業，可以採取相對集中的方式異地參加統籌地區的工傷保險。具體辦法由國務院勞動保障行政部門會同有關行業的主管部門制定。

◉ 第十二條

工傷保險基金存入社會保障基金財政專戶，用於本條例規定的工傷保險待遇、勞動能力鑒定以及法律、法規規定的用於工傷保險的其他費用的支付。任何單位或者個人不得將工傷保險基金用於投資運

營、興建或者改建辦公場所、發放獎金,或者挪作其他用途。

◉ 第十三條

工傷保險基金應當留有一定比例的儲備金,用於統籌地區重大事故的工傷保險待遇支付;儲備金不足支付的,由統籌地區的人民政府墊付。儲備金占基金總額的具體比例和儲備金的使用辦法,由省、自治區、直轄市人民政府規定。

第三章　工傷認定

◉ 第十四條

職工有下列情形之一的,應當認定為工傷:

(一)在工作時間和工作場所內,因工作原因受到事故傷害的;

(二)工作時間前後在工作場所內,從事與工作有關的預備性或者收尾性工作受到事故傷害的;

(三)在工作時間和工作場所內,因履行工作職責受到暴力等意外傷害的;

(四)患職業病的;

(五)因工外出期間,由於工作原因受到傷害或者發生事故下落不明的;

(六)在上下班途中,受到機動車事故傷害的;

(七)法律、行政法規規定應當認定為工傷的其他情形。

◉ 第十五條

職工有下列情形之一的,視同工傷:

(一)在工作時間和工作崗位,突發疾病死亡或者在48小時之內經

搶救無效死亡的;

（二）在搶險救災等維護國家利益、公共利益活動中受到傷害的;

（三）職工原在軍隊服役,因戰、因公負傷致殘,已取得革命傷殘軍人證,到用人單位後舊傷復發的。

職工有前款第（一）項、第（二）項情形的,按照本條例的有關規定享受工傷保險待遇;職工有前款第（三）項情形的,按照本條例的有關規定享受除一次性傷殘補助金以外的工傷保險待遇。

◉- 第十六條

職工有下列情形之一的,不得認定為工傷或者視同工傷:

（一）因犯罪或者違反治安管理傷亡的;

（二）醉酒導致傷亡的;

（三）自殘或者自殺的。

◉- 第十七條

職工發生事故傷害或者按照職業病防治法規定被診斷、鑒定為職業病,所在單位應當自事故傷害發生之日或者被診斷、鑒定為職業病之日起30日內,向統籌地區勞動保障行政部門提出工傷認定申請。遇有特殊情況,經報勞動保障行政部門同意,申請時限可以適當延長。

用人單位未按前款規定提出工傷認定申請的,工傷職工或者其直系親屬、工會組織在事故傷害發生之日或者被診斷、鑒定為職業病之日起1年內,可以直接向用人單位所在地統籌地區勞動保障行政部門提出工傷認定申請。

按照本條第一款規定應當由省級勞動保障行政部門進行工傷認定的事項,根據屬地原則由用人單位所在地的設區的市級勞動保障行政

部門辦理。

用人單位未在本條第一款規定的時限內提交工傷認定申請，在此期間發生符合本條例規定的工傷待遇等有關費用由該用人單位負

◉ 第十八條

提出工傷認定申請應當提交下列材料：

（一）工傷認定申請表；

（二）與用人單位存在勞動關係（包括事實勞動關係）的證明材料；

（三）醫療診斷證明或者職業病診斷證明書（或者職業病診斷鑒定書）。

工傷認定申請表應當包括事故發生的時間、地點、原因以及職工傷害程度等基本情況。

工傷認定申請人提供材料不完整的，勞動保障行政部門應當一次性書面告知工傷認定申請人需要補正的全部材料。申請人按照書面告知要求補正材料後，勞動保障行政部門應當受理。

◉ 第十九條

勞動保障行政部門受理工傷認定申請後，根據審核需要可以對事故傷害進行調查核實，用人單位、職工、工會組織、醫療機構以及有關部門應當予以協助。職業病診斷和診斷爭議的鑒定，依照職業病防治法的有關規定執行。對依法取得職業病診斷證明書或者職業病診斷鑒定書的，勞動保障行政部門不再進行調查核實。

職工或者其直系親屬認為是工傷，用人單位不認為是工傷的，由用人單位承擔舉證責任。

◉ 第二十條

勞動保障行政部門應當自受理工傷認定申請之日起60日內作出工傷

認定的決定，並書面通知申請工傷認定的職工或者其直系親屬和該職工所在單位。

勞動保障行政部門工作人員與工傷認定申請人有利害關係的，應當迴避。

第四章　勞動能力鑑定

◉ 第二十一條

職工發生工傷，經治療傷情相對穩定後存在殘疾、影響勞動能力的，應當進行勞動能力鑒定。

◉ 第二十二條

勞動能力鑒定是指勞動功能障礙程度和生活自理障礙程度的等級鑒定。

勞動功能障礙分為十個傷殘等級，最重的為一級，最輕的為十級。

生活自理障礙分為三個等級：生活完全不能自理、生活大部分不能自理和生活部分不能自理。

勞動能力鑒定標準由國務院勞動保障行政部門會同國務院衛生行政部門等部門制定。

◉ 第二十三條

勞動能力鑒定由用人單位、工傷職工或者其直系親屬向設區的市級勞動能力鑒定委員會提出申請，並提供工傷認定決定和職工工傷醫療的有關資料。

◉ 第二十四條

省、自治區、直轄市勞動能力鑒定委員會和設區的市級勞動能力鑒

定委員會分別由省、自治區、直轄市和設區的市級勞動保障行政部門、人事行政部門、衛生行政部門、工會組織、經辦機構代表以及用人單位代表組成。

勞動能力鑒定委員會建立醫療衛生專家庫。列入專家庫的醫療衛生專業技術人員應當具備下列條件：

（一）具有醫療衛生高級專業技術職務任職資格；

（二）掌握勞動能力鑒定的相關知識；

（三）具有良好的職業品德。

◉ 第二十五條

設區的市級勞動能力鑒定委員會收到勞動能力鑒定申請後，應當從其建立的醫療衛生專家庫中隨機抽取3名或者5名相關專家組成專家組，由專家組提出鑒定意見。設區的市級勞動能力鑒定委員會根據專家組的鑒定意見作出工傷職工勞動能力鑒定結論；必要時，可以委託具備資格的醫療機構協助進行有關的診斷。

設區的市級勞動能力鑒定委員會應當自收到勞動能力鑒定申請之日起60日內作出勞動能力鑒定結論，必要時，作出勞動能力鑒定結論的期限可以延長30日。勞動能力鑒定結論應當及時送達申請鑒定的單位和個人。

◉ 第二十六條

申請鑒定的單位或者個人對設區的市級勞動能力鑒定委員會作出的鑒定結論不服的，可以在收到該鑒定結論之日起15日內向省、自治區、直轄市勞動能力鑒定委員會提出再次鑒定申請。省、自治區、直轄市勞動能力鑒定委員會作出的勞動能力鑒定結論為最終結論。

◉ 第二十七條

勞動能力鑒定工作應當客觀、公正。勞動能力鑒定委員會組成人員

或者參加鑒定的專家與當事人有利害關係的，應當回避。

◉ 第二十八條

自勞動能力鑒定結論作出之日起1年後，工傷職工或者其直系親屬、所在單位或者經辦機構認為傷殘情況發生變化的，可以申請勞動能力復查鑒定。

第五章　工傷保險待遇

◉ 第二十九條

職工因工作遭受事故傷害或者患職業病進行治療，享受工傷醫療待遇。

職工治療工傷應當在簽訂服務協定的醫療機構就醫，情況緊急時可以先到就近的醫療機構急救。

治療工傷所需費用符合工傷保險診療專案目錄、工傷保險藥品目錄、工傷保險住院服務標準的，從工傷保險基金支付。工傷保險診療專案目錄、工傷保險藥品目錄、工傷保險住院服務標準，由國務院勞動保障行政部門會同國務院衛生行政部門、藥品監督管理部門等部門規定。

職工住院治療工傷的，由所在單位按照本單位因公出差伙食補助標準的70%發給住院伙食補助費；經醫療機構出具證明，報經辦機構同意，工傷職工到統籌地區以外就醫的，所需交通、食宿費用由所在單位按照本單位職工因公出差標準報銷。

工傷職工治療非工傷引發的疾病，不享受工傷醫療待遇，按照基本醫療保險辦法處理。

工傷職工到簽訂服務協定的醫療機構進行康復性治療的費用，符合本條第三款規定的，從工傷保險基金支付。

◉ 第三十條

工傷職工因日常生活或者就業需要，經勞動能力鑒定委員會確認，可以安裝假肢、矯形器、假眼、假牙和配置輪椅等輔助器具，所需費用按照國家規定的標準從工傷保險基金支付。

◉ 第三十一條

職工因工作遭受事故傷害或者患職業病需要暫停工作接受工傷醫療的，在停工留薪期內，原工資福利待遇不變，由所在單位按月支付。

停工留薪期一般不超過12個月。傷情嚴重或者情況特殊，經設區的市級勞動能力鑒定委員會確認，可以適當延長，但延長不得超過12個月。工傷職工評定傷殘等級後，停發原待遇，按照本章的有關規定享受傷殘待遇。工傷職工在停工留薪期滿後仍需治療的，繼續享受工傷醫療待遇。

生活不能自理的工傷職工在停工留薪期需要護理的，由所在單位負責。

◉ 第三十二條

工傷職工已經評定傷殘等級並經勞動能力鑒定委員會確認需要生活護理的，從工傷保險基金按月支付生活護理費。

生活護理費按照生活完全不能自理、生活大部分不能自理或者生活部分不能自理3個不同等級支付，其標準分別為統籌地區上年度職工月平均工資的50%、40%或者30%。

◉ 第三十三條

職工因工致殘被鑒定為一級至四級傷殘的，保留勞動關係，退出工

作崗位，享受以下待遇：

（一）從工傷保險基金按傷殘等級支付一次性傷殘補助金，標準為：一級傷殘為24個月的本人工資，二級傷殘為22個月的本人工資，三級傷殘為20個月的本人工資，四級傷殘為18個月的本人工資；

（二）從工傷保險基金按月支付傷殘津貼，標準為：一級傷殘為本人工資的90％，二級傷殘為本人工資的85％，三級傷殘為本人工資的80％，四級傷殘為本人工資的75％。傷殘津貼實際金額低於當地最低工資標準的，由工傷保險基金補足差額；

（三）工傷職工達到退休年齡並辦理退休手續後，停發傷殘津貼，享受基本養老保險待遇。基本養老保險待遇低於傷殘津貼的，由工傷保險基金補足差額。

職工因工致殘被鑒定為一級至四級傷殘的，由用人單位和職工個人以傷殘津貼為基數，繳納基本醫療保險費。

◉ 第三十四條

職工因工致殘被鑒定為五級、六級傷殘的，享受以下待遇：

（一）從工傷保險基金按傷殘等級支付　次性傷殘補助金，標準為：五級傷殘為16個月的本人工資，六級傷殘為14個月的本人工資；

（二）保留與用人單位的勞動關係，由用人單位安排適當工作。難以安排工作的，由用人單位按月發給傷殘津貼，標準為：五級傷殘為本人工資的70％，六級傷殘為本人工資的60％，並由用人單位按照規定為其繳納應繳納的各項社會保險費。傷殘津貼實際金額低於當地最低工資標準的，由用人單位補足差額。

經工傷職工本人提出，該職工可以與用人單位解除或者終止勞動關係，由用人單位支付一次性工傷醫療補助金和傷殘就業補助金。具

體標準由省、自治區、直轄市人民政府規定。

● 第三十五條

職工因工致殘被鑑定為七級至十級傷殘的，享受以下待遇：

（一）從工傷保險基金按傷殘等級支付一次性傷殘補助金，標準為：七級傷殘為12個月的本人工資，八級傷殘為10個月的本人工資，九級傷殘為8個月的本人工資，十級傷殘為6個月的本人工資；

（二）勞動合同期滿終止，或者職工本人提出解除勞動合同的，由用人單位支付一次性工傷醫療補助金和傷殘就業補助金。具體標準由省、自治區、直轄市人民政府規定。

● 第三十六條

工傷職工工傷復發，確認需要治療的，享受本條例第二十九條、第三十條和第三十一條規定的工傷待遇。

● 第三十七條

職工因工死亡，其直系親屬按照下列規定從工傷保險基金領取喪葬補助金、供養親屬撫恤金和一次性工亡補助金：

（一）喪葬補助金為6個月的統籌地區上年度職工月平均工資；

（二）供養親屬撫恤金按照職工本人工資的一定比例發給由因工死亡職工生前提供主要生活來源、無勞動能力的親屬。標準為：配偶每月40%，其他親屬每人每月30%，孤寡老人或者孤兒每人每月在上述標準的基礎上增加10%。核定的各供養親屬的撫恤金之和不應高於因工死亡職工生前的工資。供養親屬的具體範圍由國務院勞動保障行政部門規定；

（三）一次性工亡補助金標準為48個月至60個月的統籌地區上年度職工月平均工資。具體標準由統籌地區的人民政府根據當地經濟、

社會發展狀況規定，報省、自治區、直轄市人民政府備案。

傷殘職工在停薪留職期內因工傷導致死亡的，其直系親屬享受本條第一款規定的待遇。

一級至四級傷殘職工在停工留薪期滿後死亡的，其直系親屬可以享受本條第一款第（一）項、第（二）項規定的待遇。

● 第三十八條

傷殘津貼、供養親屬撫恤金、生活護理費由統籌地區勞動保障行政部門根據職工平均工資和生活費用變化等情況適時調整。調整辦法由省、自治區、直轄市人民政府規定。

● 第三十九條

職工因工外出期間發生事故或者在搶險救災中下落不明的，從事故發生當月起3個月內照發工資，從第4個月起停發工資，由工傷保險基金向其供養親屬按月支付供養親屬撫恤金。生活有困難的，可以預支一次性工亡補助金的50％。職工被人民法院宣告死亡的，按照本條例第三十七條職工因工死亡的規定處理。

● 第四十條

工傷職工有下列情形之一的，停止享受工傷保險待遇：

（一）喪失享受待遇條件的；

（二）拒不接受勞動能力鑒定的；

（三）拒絕治療的；

（四）被判刑正在收監執行的。

● 第四十一條

用人單位分立、合併、轉讓的，承繼單位應當承擔原用人單位的工傷保險責任；原用人單位已經參加工傷保險的，承繼單位應當到當

地經辦機構辦理工傷保險變更登記。

用人單位實行承包經營的，工傷保險責任由職工勞動關係所在單位承擔。

職工被借調期間受到工傷事故傷害的，由原用人單位承擔工傷保險責任，但原用人單位與借調單位可以約定補償辦法。

企業破產的，在破產清算時優先撥付依法應由單位支付的工傷保險待遇費用。

◉ 第四十二條

職工被派遣出境工作，依據前往國家或者地區的法律應當參加當地工傷保險的，參加當地工傷保險，其國內工傷保險關係中止；不能參加當地工傷保險的，其國內工傷保險關係不中止。

◉ 第四十三條

職工再次發生工傷，根據規定應當享受傷殘津貼的，按照新認定的傷殘等級享受傷殘津貼待遇。

第六章　監督管理

◉ 第四十四條

經辦機構具體承辦工傷保險事務，履行下列職責：

（一）根據省、自治區、直轄市人民政府規定，徵收工傷保險費；

（二）核查用人單位的工資總額和職工人數，辦理工傷保險登記，並負責保存用人單位繳費和職工享受工傷保險待遇情況的記錄；

（三）進行工傷保險的調查、統計；

（四）按照規定管理工傷保險基金的支出；

（五）按照規定核定工傷保險待遇；

（六）為工傷職工或者其直系親屬免費提供諮詢服務。

◉- 第四十五條

經辦機構與醫療機構、輔助器具配置機構在平等協商的基礎上簽訂服務協定，並公佈簽訂服務協定的醫療機構、輔助器具配置機構的名單。具體辦法由國務院勞動保障行政部門分別會同國務院衛生行政部門、民政部門等部門制定。

◉- 第四十六條

經辦機構按照協定和國家有關目錄、標準對工傷職工醫療費用、康復費用、輔助器具費用的使用情況進行核查，並按時足額結算費用。

◉- 第四十七條

經辦機構應當定期公佈工傷保險基金的收支情況，及時向勞動保障行政部門提出調整費率的建議。

◉- 第四十八條

勞動保障行政部門、經辦機構應當定期聽取工傷職工、醫療機構、輔助器具配置機構以及社會各界對改進工傷保險工作的意見。

◉- 第四十九條

勞動保障行政部門依法對工傷保險費的徵繳和工傷保險基金的支付情況進行監督檢查。

財政部門和審計機關依法對工傷保險基金的收支、管理情況進行監督。

◉- 第五十條

任何組織和個人對有關工傷保險的違法行為，有權舉報。勞動保障

行政部門對舉報應當及時調查，按照規定處理，並為舉報人保密。

●─ 第五十一條

工會組織依法維護工傷職工的合法權益，對用人單位的工傷保險工作實行監督。

●─ 第五十二條

職工與用人單位發生工傷待遇方面的爭議，按照處理勞動爭議的有關規定處理。

●─ 第五十三條

有下列情形之一的，有關單位和個人可以依法申請行政復議；對復議決定不服的，可以依法提起行政訴訟：

（一）申請工傷認定的職工或者其直系親屬、該職工所在單位對工傷認定結論不服的；

（二）用人單位對經辦機構確定的單位繳費費率不服的；

（三）簽訂服務協定的醫療機構、輔助器具配置機構認為經辦機構未履行有關協議或者規定的；

（四）工傷職工或者其直系親屬對經辦機構核定的工傷保險待遇有異議的。

第七章　法律責任

●─ 第五十四條

單位或者個人違反本條例第十二條規定挪用工傷保險基金，構成犯罪的，依法追究刑事責任；尚不構成犯罪的，依法給予行政處分或者紀律處分。被挪用的基金由勞動保障行政部門追回，併入工傷保

險基金；沒收的違法所得依法上繳國庫。

◉ 第五十五條

勞動保障行政部門工作人員有下列情形之一的，依法給予行政處分；情節嚴重，構成犯罪的，依法追究刑事責任：

（一）無正當理由不受理工傷認定申請，或者弄虛作假將不符合工傷條件的人員認定為工傷職工的；

（二）未妥善保管申請工傷認定的證據材料，致使有關證據滅失的；

（三）收受當事人財物的。

◉ 第五十六條

經辦機構有下列行為之一的，由勞動保障行政部門責令改正，對直接負責的主管人員和其他責任人員依法給予紀律處分；情節嚴重，構成犯罪的，依法追究刑事責任；造成當事人經濟損失的，由經辦機構依法承擔賠償責任：

（一）未按規定保存用人單位繳費和職工享受工傷保險待遇情況記錄的；

（二）不按規定核定工傷保險待遇的；

（三）收受當事人財物的。

◉ 第五十七條

醫療機構、輔助器具配置機構不按服務協定提供服務的，經辦機構可以解除服務協定。

經辦機構不按時足額結算費用的，由勞動保障行政部門責令改正；醫療機構、輔助器具配置機構可以解除服務協定。

◉ 第五十八條

用人單位瞞報工資總額或者職工人數的，由勞動保障行政部門責令

改正,並處瞞報工資數額1倍以上3倍以下的罰款。

用人單位、工傷職工或者其直系親屬騙取工傷保險待遇,醫療機構、輔助器具配置機構騙取工傷保險基金支出的,由勞動保障行政部門責令退還,並處騙取金額1倍以上3倍以下的罰款;情節嚴重,構成犯罪的,依法追究刑事責任。

◉ 第五十九條

從事勞動能力鑒定的組織或者個人有下列情形之一的,由勞動保障行政部門責令改正,並處2000元以上1萬元以下的罰款;情節嚴重,構成犯罪的,依法追究刑事責任:

(一)提供虛假鑒定意見的;

(二)提供虛假診斷證明的;

(三)收受當事人財物的。

◉ 第六十條

用人單位依照本條例規定應當參加工傷保險而未參加的,由勞動保障行政部門責令改正;未參加工傷保險期間用人單位職工發生工傷的,由該用人單位按照本條例規定的工傷保險待遇專案和標準支付費用。

第八章　附則

◉ 第六十一條

本條例所稱職工,是指與用人單位存在勞動關係(包括事實勞動關係)的各種用工形式、各種用工期限的勞動者。

本條例所稱工資總額,是指用人單位直接支付給本單位全部職工的

勞動報酬總額。

本條例所稱本人工資，是指工傷職工因工作遭受事故傷害或者患職業病前12個月平均月繳費工資。本人工資高於統籌地區職工平均工資300％的，按照統籌地區職工平均工資的300％計算；本人工資低於統籌地區職工平均工資60％的，按照統籌地區職工平均工資的60％計算。

◉ 第六十二條

國家機關和依照或者參照國家公務員制度進行人事管理的事業單位、社會團體的工作人員因工作遭受事故傷害或者患職業病的，由所在單位支付費用。具體辦法由國務院勞動保障行政部門會同國務院人事行政部門、財政部門規定。

其他事業單位、社會團體以及各類民辦非企業單位的工傷保險等辦法，由國務院勞動保障行政部門會同國務院人事行政部門、民政部門、財政部門等部門參照本條例另行規定，報國務院批准後施行。

◉ 第六十三條

無營業執照或者未經依法登記、備案的單位以及被依法吊銷營業執照或者撤銷登記、備案的單位的職工受到事故傷害或者患職業病的，由該單位向傷殘職工或者死亡職工的直系親屬給予一次性賠償，賠償標準不得低於本條例規定的工傷保險待遇；用人單位不得使用童工，用人單位使用童工造成童工傷殘、死亡的，由該單位向童工或者童工的直系親屬給予一次性賠償，賠償標準不得低於本條例規定的工傷保險待遇。具體辦法由國務院勞動保障行政部門規定。

前款規定的傷殘職工或者死亡職工的直系親屬就賠償數額與單位發生爭議的，以及前款規定的童工或者童工的直系親屬就賠償數額與

單位發生爭議的，按照處理勞動爭議的有關規定處理。

◉ 第六十四條

本條例自2004年1月1日起施行。本條例施行前已受到事故傷害或者患職業病的職工尚未完成工傷認定的，按照本條例的規定執行。

 ## 企業員工養老保險

問 題　企業員工基本養老保險制度規定

資料來源

<<國務院關於建立統一的企業職工基本養老保險制度的決定>>

國發〔2005〕38號

相關內容

各省、自治區、直轄市人民政府，國務院各部委、各直屬機構：

近年來，各地區和有關部門按照黨中央、國務院關於完善企業職工基本養老保險制度的部署和要求，以確保企業離退休人員基本養老金按時足額發放為中心，努力擴大基本養老保險覆蓋範圍，切實加強基本養老保險基金徵繳，積極推進企業退休人員社會化管理服務，各項工作取得明顯成效，為促進改革、發展和維護社會穩定發揮了重要作用。但是，隨著人口老齡化、就業方式多樣化和城市化的發展，現行企業職工基本養老保險制度還存在個人帳戶沒有做實、計發辦法不盡合理、覆蓋範圍不夠廣泛等不適應的問題，需要加以改革和完善。為此，在充分調查研究和總結東北三省完善城鎮社會

保障體系試點經驗的基礎上，國務院對完善企業職工基本養老保險制度作出如下決定：

一、完善企業職工基本養老保險制度的指導思想和主要任務。以鄧小平理論和「三個代表」重要思想為指導，認真貫徹黨的十六大和十六屆三中、四中、五中全會精神，按照落實科學發展觀和構建社會主義和諧社會的要求，統籌考慮當前和長遠的關係，堅持覆蓋廣泛、水準適當、結構合理、基金平衡的原則，完善政策，健全機制，加強管理，建立起適合我國國情，實現可持續發展的基本養老保險制度。主要任務是：確保基本養老金按時足額發放，保障離退休人員基本生活；逐步做實個人帳戶，完善社會統籌與個人帳戶相結合的基本制度；統一城鎮個體工商戶和靈活就業人員參保繳費政策，擴大覆蓋範圍；改革基本養老金計發辦法，建立參保繳費的激勵約束機制；根據經濟發展水準和各方面承受能力，合理確定基本養老金水準；建立多層次養老保險體系，劃清中央與地方、政府與企業及個人的責任；加強基本養老保險基金徵繳和監管，完善多管道籌資機制；進一步做好退休人員社會化管理工作，提高服務水準。

二、確保基本養老金按時足額發放。要繼續把確保企業離退休人員基本養老金按時足額發放作為首要任務，進一步完善各項政策和工作機制，確保離退休人員基本養老金按時足額發放，不得發生新的基本養老金拖欠，切實保障離退休人員的合法權益。對過去拖欠的基本養老金，各地要根據《中共中央辦公廳國務院辦公廳關於進一步做好補發拖欠基本養老金和企業調整工資工作的通知》要求，認真加以解決。

三、擴大基本養老保險覆蓋範圍。城鎮各類企業職工、個體工商戶和靈活就業人員都要參加企業職工基本養老保險。當前及今後一個時期,要以非公有制企業、城鎮個體工商戶和靈活就業人員參保工作為重點,擴大基本養老保險覆蓋範圍。要進一步落實國家有關社會保險補貼政策,幫助就業困難人員參保繳費。城鎮個體工商戶和靈活就業人員參加基本養老保險的繳費基數為當地上年度在崗職工平均工資,繳費比例為20%,其中8%記入個人帳戶,退休後按企業職工基本養老金計發辦法計發基本養老金。

四、逐步做實個人帳戶。做實個人帳戶,積累基本養老保險基金,是應對人口老齡化的重要舉措,也是實現企業職工基本養老保險制度可持續發展的重要保證。要繼續抓好東北三省做實個人帳戶試點工作,抓緊研究制訂其他地區擴大做實個人帳戶試點的具體方案,報國務院批准後實施。國家制訂個人帳戶基金管理和投資運營辦法,實現保值增值。

五、加強基本養老保險基金徵繳與監管。要全面落實《社會保險費徵繳暫行條例》的各項規定,嚴格執行社會保險登記和繳費申報制度,強化社會保險稽核和勞動保障監察執法工作,努力提高徵繳率。凡是參加企業職工基本養老保險的單位和個人,都必須按時足額繳納基本養老保險費;對拒繳、瞞報少繳基本養老保險費的,要依法處理;對欠繳基本養老保險費的,要採取各種措施,加大追繳力度,確保基本養老保險基金應收盡收。各地要按照建立公共財政的要求,積極調整財政支出結構,加大對社會保障的資金投入。

基本養老保險基金要納入財政專戶，實行收支兩條線管理，嚴禁擠佔挪用。要制定和完善社會保險基金監督管理的法律法規，實現依法監督。各省、自治區、直轄市人民政府要完善工作機制，保證基金監管制度的順利實施。要繼續發揮審計監督、社會監督和輿論監督的作用，共同維護基金安全。

六、改革基本養老金計發辦法。為與做實個人帳戶相銜接，從2006年1月1日起，個人帳戶的規模統一由本人繳費工資的 11％調整為8％，全部由個人繳費形成，單位繳費不再劃入個人帳戶。同時，進一步完善鼓勵職工參保繳費的激勵約束機制，相應調整基本養老金計發辦法。

《國務院關於建立統一的企業職工基本養老保險制度的決定》（國發〔1997〕26號）實施後參加工作、繳費年限（含視同繳費年限，下同）累計滿15年的人員，退休後按月發給基本養老金。基本養老金由基礎養老金和個人帳戶養老金組成。退休時的基礎養老金月標準以當地上年度在崗職工月平均工資和本人指數化月平均繳費工資的平均值為基數，繳費每滿1年發給1％。個人帳戶養老金月標準為個人帳戶儲存額除以計發月數，計發月數根據職工退休時城鎮人口平均預期壽命、本人退休年齡、利息等因素確定。

國發〔1997〕26號檔實施前參加工作，本決定實施後退休且繳費年限累計滿15年的人員，在發給基礎養老金和個人帳戶養老金的基礎上，再發給過渡性養老金。各省、自治區、直轄市人民政府要按照待遇水準合理銜接、新老政策平穩過渡的原則，在認真測算的基礎上，制訂具體的過渡辦法，並報勞動保障部、財政部備案。

本決定實施後到達退休年齡但繳費年限累計不滿15年的人員，不發給基礎養老金；個人帳戶儲存額一次性支付給本人，終止基本養老保險關係。

本決定實施前已經離退休的人員，仍按國家原來的規定發給基本養老金，同時執行基本養老金調整辦法。

七、建立基本養老金正常調整機制。根據職工工資和物價變動等情況，國務院適時調整企業退休人員基本養老金水準，調整幅度為省、自治區、直轄市當地企業在崗職工平均工資年增長率的一定比例。各地根據本地實際情況提出具體調整方案，報勞動保障部、財政部審批後實施。

八、加快提高統籌層次。進一步加強省級基金預算管理，明確省、市、縣各級人民政府的責任，建立健全省級基金調劑制度，加大基金調劑力度。在完善市級統籌的基礎上，儘快提高統籌層次，實現省級統籌，為構建全國統一的勞動力市場和促進人員合理流動創造條件。

九、發展企業年金。為建立多層次的養老保險體系，增強企業的人才競爭能力，更好地保障企業職工退休後的生活，具備條件的企業叫為職工建立企業年金。企業年金基金實行完全積累，採取市場化的方式進行管理和運營。要切實做好企業年金基金監管工作，實現規範運作，切實維護企業和職工的利益。

十、做好退休人員社會化管理服務工作。要按照建立獨立於企業事業單位之外社會保障體系的要求，繼續做好企業退休人員社會化管理工作。要加強街道、社區勞動保障工作平臺建設，加快公共老年服務設施和服務網路建設，條件具備的地方，可開展老年護理服務，興建退休人員公寓，為退休人員提供更多更好的服務，不斷提高退休人員的生活品質。

十一、不斷提高社會保險管理服務水準。要高度重視社會保險經辦能力建設，加快社會保障資訊服務網路建設步伐，建立高效運轉的經辦管理服務體系，把社會保險的政策落到實處。各級社會保險經辦機構要完善管理制度，制定技術標準，規範業務流程，實現規範化、資訊化和專業化管理。同時，要加強人員培訓，提高政治和業務素質，不斷提高工作效率和服務品質。

完善企業職工基本養老保險制度是構建社會主義和諧社會的重要內容，事關改革發展穩定的大局。各地區和有關部門要高度重視，加強領導，精心組織實施，研究制訂具體的實施意見和辦法，並報勞動保障部備案。勞動保障部要會同有關部門加強指導和監督檢查，及時研究解決工作中遇到的問題，確保本決定的貫徹實施。

企業員工醫療保險

| 問 題 | 城鎮員工基本醫療保險制度規定 |

資料來源

<<國務院關於建立城鎮職工基本醫療保險制度的決定>>

國發[1998]44號

相關內容

各省、自治區、直轄市人民政府，國務院各部委、各直屬機構：

加快醫療保險制度改革，保障職工基本醫療，是建立社會主義市場經濟體制的客觀要求和重要保障。在認真總結近年來各地醫療保險制度改革試點經驗的基礎上，國務院決定，在全國範圍內進行城鎮職工醫療保險制度改革。

一、改革的任務和原則

醫療保險制度改革的主要任務是建立城鎮職工基本醫療保險制度，即適應社會主義市場經濟體制，根據財政、企業和個人的承受能力，建立保障職工基本醫療需求的社會醫療保險制度。

建立城鎮職工基本醫療保險制度的原則是：基本醫療保險的水準要與社會主義初級階段生產力發展水準相適應；城鎮所有用人單位及其職工都要參加基本醫療保險，實行屬地管理；基本醫療保險費由用人單位和職工雙方共同負擔；基本醫療保險基金實行社會統籌和個人帳戶相結合。

二、覆蓋範圍和繳費辦法

城鎮所有用人單位，包括企業（國有企業、集體企業、外商投資企業、私營企業等）、機關、事業單位、社會團體、民辦非企業單位及其職工，都要參加基本醫療保險。鄉鎮企業及其職工、城鎮個體經濟組織業主及其從業人員是否參加基本醫療保險，由各省、自治區、直轄市人民政府決定。

基本醫療保險原則上以地級以上行政區（包括地、市、州、盟）為統籌單位，也可以縣（市）為統籌單位，北京、天津、上海3個直轄市原則上在全市範圍內實行統籌（以下簡稱統籌地區）。所有用人單位及其職工都要按照屬地管理原則參加所在統籌地區的基本醫療保險，執行統一政策，實行基本醫療保險基金的統一籌集、使用和管理。鐵路、電力、遠洋運輸等跨地區、生產流動性較大的企業及其職工，可以相對集中的方式異地參加統籌地區的基本醫療保險。

基本醫療保險費由用人單位和職工共同繳納。用人單位繳費率應控制在職工工資總額的6％左右，職工繳費率一般為本人工資收入的2％。隨著經濟發展，用人單位和職工繳費率可作相應調整。

三、建立基本醫療保險統籌基金和個人帳戶

要建立基本醫療保險統籌基金和個人帳戶。基本醫療保險基金由統籌基金和個人帳戶構成。職工個人繳納的基本醫療保險費，全部計入個人帳戶。用人單位繳納的基本醫療保險費分為兩部分，一部分用於建立統籌基金，一部分劃入個人帳戶。劃入個人帳戶的比例一般為用人單位繳費的30％左右，具體比例由統籌地區根據個人帳戶的支付範圍和職工年齡等因素確定。

　　統籌基金和個人帳戶要劃定各自的支付範圍，分別核算，不得互相擠佔。要確定統籌基金的起付標準和最高支付限額，起付標準原則上控制在當地職工年平均工資的10％左右，最高支付限額原則上控制在當地職工年平均工資的4倍左右。起付標準以下的醫療費用，從個人帳戶中支付或由個人自付。起付標準以上、最高支付限額以下的醫療費用，主要從統籌基金中支付，個人也要負擔一定比例。超過最高支付限額的醫療費用，可以通過商業醫療保險等途徑解決。統籌基金的具體起付標準、最高支付限額以及在起付標準以上和最高支付限額以下醫療費用的個人負擔比例，由統籌地區根據以收定支、收支平衡的原則確定。

四、健全基本醫療保險基金的管理和監督機制

　　基本醫療保險基金納入財政專戶管理，專款專用，不得擠佔挪用。

　　社會保險經辦機構負責基本醫療保險基金的籌集、管理和支付，並要建立健全預決算制度、財務會計制度和內部審計制度。社會保險經辦機構的事業經費不得從基金中提取，由各級財政預算解決。

　　基本醫療保險基金的銀行計息辦法：當年籌集的部分，按活期存款利率計息；上年結轉的基金本息，按3個月期整存整取銀行存款利率計息；存入社會保障財政專戶的沉澱資金，比照3年期零存整取儲蓄存款利率計息，並不低於該檔次利率水準。個人帳戶的本金和利息歸個人所有，可以結轉使用和繼承。

　　各級勞動保障和財政部門，要加強對基本醫療保險基金的監督管理。審計部門要定期對社會保險經辦機構的基金收支情況和管理

情況進行審計。統籌地區應設立由政府有關部門代表、用人單位代表、醫療機構代表、工會代表和有關專家參加的醫療保險基金監督組織，加強對基本醫療保險基金的社會監督。

五、加強醫療服務管理

要確定基本醫療保險的服務範圍和標準。勞動保障部會同衛生部、財政部等有關部門制定基本醫療服務的範圍、標準和醫藥費用結算辦法，制定國家基本醫療保險藥品目錄、診療專案、醫療服務設施標準及相應的管理辦法。各省、自治區、直轄市勞動保障行政管理部門根據國家規定，會同有關部門制定本地區相應的實施標準和辦法。

基本醫療保險實行定點醫療機構（包括中醫醫院）和定點藥店管理。勞動保障部會同衛生部、財政部等有關部門制定定點醫療機構和定點藥店的資格審定辦法。社會保險經辦機構要根據中西醫並舉，基層、專科和綜合醫療機構兼顧，方便職工就醫的原則，負責確定定點醫療機構和定點藥店，並同定點醫療機構和定點藥店簽訂合同，明確各自的責任、權利和義務。在確定定點醫療機構和定點藥店時，要引進競爭機制，職工可選擇若干定點醫療機構就醫、購藥，也可持處方在若干定點藥店購藥。國家藥品監督管理局會同有關部門制定定點藥店購藥藥事事故處理辦法。

各地要認真貫徹《中共中央、國務院關於衛生改革與發展的決定》（中發〔1997〕3號）精神，積極推進醫藥衛生體制改革，以較少的經費投入，使人民群眾得到良好的醫療服務，促進醫藥衛生事業的健康發展。要建立醫藥分開核算、分別管理的制度，形成醫療服務和藥品流通的競爭機制，合理控制醫藥費用水準；要加強醫

療機構和藥店的內部管理，規範醫藥服務行為，減員增效，降低醫藥成本；要理順醫療服務價格，在實行醫藥分開核算、分別管理，降低藥品收入占醫療總收入比重的基礎上，合理提高醫療技術勞務價格；要加強業務技術培訓和職業道德教育，提高醫藥服務人員的素質和服務品質；要合理調整醫療機構佈局，優化醫療衛生資源配置，積極發展社區衛生服務，將社區衛生服務中的基本醫療服務專案納入基本醫療保險範圍。衛生部會同有關部門制定醫療機構改革方案和發展社區衛生服務的有關政策。國家經貿委等部門要認真配合做好藥品流通體制改革工作。

六、妥善解決有關人員的醫療待遇

離休人員、老紅軍的醫療待遇不變，醫療費用按原資金管道解決，支付確有困難的，由同級人民政府幫助解決。離休人員、老紅軍的醫療管理辦法由省、自治區、直轄市人民政府制定。

二等乙級以上革命傷殘軍人的醫療待遇不變，醫療費用按原資金管道解決，由社會保險經辦機構單獨列帳管理。醫療費支付不足部分，由當地人民政府幫助解決。

退休人員參加基本醫療保險，個人不繳納基本醫療保險費。對退休人員個人帳戶的計入金額和個人負擔醫療費的比例給予適當照顧。

國家公務員在參加基本醫療保險的基礎上，享受醫療補助政策。具體辦法另行制定。

為了不降低一些特定行業職工現有的醫療消費水準，在參加基本醫療保險的基礎上，作為過渡措施，允許建立企業補充醫療保險。企業補充醫療保險費在工資總額4％以內的部分，從職工福利費

中列支，福利費不足列支的部分，經同級財政部門核准後列入成本。

國有企業下崗職工的基本醫療保險費，包括單位繳費和個人繳費，均由再就業服務中心按照當地上年度職工平均工資的60％為基數繳納。

七、加強組織領導

醫療保險制度改革政策性強，涉及廣大職工的切身利益，關係到國民經濟發展和社會穩定。各級人民政府要切實加強領導，統一思想，提高認識，做好宣傳工作和政治思想工作，使廣大職工和社會各方面都積極支持和參與這項改革。各地要按照建立城鎮職工基本醫療保險制度的任務、原則和要求，結合本地實際，精心組織實施，保證新舊制度的平穩過渡。

建立城鎮職工基本醫療保險制度工作從1999年初開始啟動，1999年底基本完成。各省、自治區、直轄市人民政府要按照本決定的要求，制定醫療保險制度改革的總體規劃，報勞動保障部備案。統籌地區要根據規劃要求，制定基本醫療保險實施方案，報省、自治區、直轄市人民政府審批後執行。

勞動保障部要加強對建立城鎮職工基本醫療保險制度工作的指導和檢查，及時研究解決工作中出現的問題。財政、衛生、藥品監督管理等有關部門要積極參與，密切配合，共同努力，確保城鎮職工基本醫療保險制度改革工作的順利進行。

社會保險管理問題

問題 社會保險的意義

法條來源

<<中華人民共和國勞動法>>

相關法條

◉ 第七十條

國家發展社會保險事業,建立社會保險制度,設立社會保險基金,使勞動者在年老、患病、工傷、失業、生育等情況下獲得幫助和補償。

問題 社會保險水準

法條來源

<<中華人民共和國勞動法>>

相關法條

◉ 第七十一條

社會保險水準應當與社會經濟發展水準和社會承受能力相適應。

問 題　社會保險基金的來源

法條來源

<<中華人民共和國勞動法>>

相關法條

◉ 第七十二條

社會保險基金按照保險類型確定資金來源，逐步實行社會統籌。用人單位和勞動者必須依法參加社會保險，繳納社會保險費。

◉ 第七十五條

國家鼓勵用人單位根據本單位實際情況為勞動者建立補充保險。

國家提倡勞動者個人進行儲蓄性保險。

◉ 第七十六條

國家發展社會福利事業，興建公共福利設施，為勞動者休息、休養和療養提供條件。

用人單位應當創造條件，改善集體福利，提高勞動者的福利待遇。

問 題　社會保險的對象

法條來源

<<中華人民共和國勞動法>>

相關法條

◉ 第七十三條

勞動者在下列情形下，依法享受社會保險待遇：

（一）退休；

（二）患病、負傷；

（三）因工傷殘或者患職業病；

（四）失業；

（五）生育。

勞動者死亡後，其遺屬依法享受遺屬津貼。

勞動者享受社會保險待遇的條件和標準由法律、法規規定。

勞動者享受的社會保險金必須按時足額支付。

問 題　保險費的徵繳機構

法條來源

<<中華人民共和國勞動法>>

相關法條

◉ 第七十四條

社會保險基金經辦機構依照法律規定收支、管理和運營社會保險基金，並負有使社會保險基金保值增值的責任。

社會保險基金監督機構依照法律規定，對社會保險基金的收支、管理和運營實施監督。

社會保險基金經辦機構和社會保險基金監督機構的設立和職能由法律規定。

任何組織和個人不得挪用社會保險基金。

問 題　保險費的徵繳管理

法條來源

<<社會保險費徵繳監督檢查辦法>>

相關法條

◉ 第三條

勞動保障行政部門負責社會保險費徵繳的監督檢查工作，對違反條例和本辦法規定的繳費單位及其責任人員，依法作出行政處罰決定，並可以按照條例規定委託社會保險經辦機構進行與社會保險費徵繳有關的檢查、調查工作。

勞動保障行政部門的勞動保障監督機構具體負責社會保險費徵繳監督檢查和行政處罰，包括對繳費單位進行檢查、調查取證、擬定行政處罰決定書、送達行政處罰決定書、擬定向人民法院申請強制執行行政處罰決定的申請書、受理群眾舉報等工作。

社會保險經辦機構受勞動保障行政部門的委託，可以對繳費單位履行社會保險登記、繳費申報、繳費義務的情況進行調查和檢查，發現繳費單位有瞞報、漏報和拖欠社會保險費等行為時，應當責令其改正。

問 題　保險費的徵繳機構

法條來源

<<社會保險費徵繳暫行條例>>

相關法條

◉ 第五條

國務院勞動保障行政部門負責全國的社會保險費徵繳管理和監督檢查工作。縣級以上地方各級人民政府勞動保障行政部門負責本行政區域內的社會保險費征繳管理和監督檢查工作。

◉ 第六條

社會保險費實行三項社會保險費集中、統一徵收。社會保險費的徵收機構由省、自治區、直轄市人民政府規定,可以由稅務機關徵收,也可以由勞動保障行政部門按照國務院規定設立的社會保險經辦機構(以下簡稱社會保險經辦機構)徵收。

◉ 第七條

繳費單位必須向當地社會保險經辦機構辦理社會保險登記,參加社會保險。

登記事項包括:單位名稱、住所、經營地點、單位類型、法定代表人或者負責人、開戶銀行帳號以及國務院勞動保障行政部門規定的其他事項。

◉ 第八條

本條例施行前已經參加社會保險的繳費單位,應當自本條例施行之日起6個月內到當地社會保險經辦機構補辦社會保險登記,由社會保險經辦機構發給社會保險登記證件。

本條例施行前尚未參加社會保險的繳費單位應當自本條例施行之日起30日內,本條例施行後成立的繳費單位應當自成立之日起30日內,持營業執照或者登記證書等有關證件,到當地社會保險經辦機構申請辦理社會保險登記。社會保險經辦機構審核後,發給社會保險登記證件。

社會保險登記證件不得偽造、變造。

社會保險登記證件的樣式由國務院勞動保障行政部門制定。

◉ 第九條

繳費單位的社會保險登記事項發生變更或者繳費單位依法終止的，應當自變更或者終止之日起30日內，到社會保險經辦機構辦理變更或者註銷社會保險登記手續。

◉ 第十條

繳費單位必須按月向社會保險經辦機構申報應繳納的社會保險費數額，經社會保險經辦機構核定後，在規定的期限內繳納社會保險費。

繳費單位不按規定申報應繳納的社會保險費數額的，由社會保險經辦機構暫按該單位上月繳費數額的百分之一百一十確定應繳數額；沒有上月繳費數額的，由社會保險經辦機構暫按該單位的經營狀況、職工人數等有關情況確定應繳數額。繳費單位補辦申報手續並按核定數額繳納社會保險費後，由社會保險經辦機構按照規定結算。

◉ 第十一條

省、自治區、直轄市人民政府規定由稅務機關徵收社會保險費的，社會保險經辦機構應當及時向稅務機關提供繳費單位社會保險登記、變更登記、註銷登記以及繳費申報的情況。

◉ 第十二條

繳費單位和繳費個人應當以貨幣形式全額繳納社會保險費。繳費個人應當繳納的社會保險費，由所在單位從其本人工資中代扣代繳。

社會保險費不得減免。

◉ 第十三條

繳費單位未按規定繳納和代扣代繳社會保險費的，由勞動保障行政

部門或者稅務機關責令限期繳納；逾期仍不繳納的，除補繳欠繳數
額外，從欠繳之日起，按日加收千分之二的滯納金。滯納金併入社
會保險基金。

◉ 第十四條

徵收的社會保險費存入財政部門在國有商業銀行開設的社會保障基
金財政專戶。

社會保險基金按照不同險種的統籌範圍，分別建立基本養老保險基
金、基本醫療保險基金、失業保險基金。各項社會保險基金分別單
獨核算。

社會保險基金不計徵稅、費。

◉ 第十五條

省、自治區、直轄市人民政府規定由稅務機關徵收社會保險費的，
稅務機關應當及時向社會保險經辦機構提供繳費單位和繳費個人的
繳費情況；社會保險經辦機構應當將有關情況匯總，報勞動保障行
政部門。

◉ 第十六條

社會保險經辦機構應當建立繳費記錄，其中基本養老保險、基本醫
療保險並應當按照規定記錄個人帳戶。社會保險經辦機構負責保存
繳費記錄，並保證其完整、安全。社會保險經辦機構應當至少每年
向繳費個人發送一次基本養老保險、基本醫療保險個人帳戶通知
單。

繳費單位、繳費個人有權按照規定查詢繳費記錄。

問題　保險費的徵繳對象

法條來源

<<社會保險費徵繳監督檢查辦法>>

相關法條

◉ 第二條

對中華人民共和國境內的企業、事業單位、國家機關、社會團體、民辦非企業單位、城鎮個體工商戶（以下簡稱繳費單位）實施社會保險費征繳監督檢查適用本辦法。

前款所稱企業是指國有企業、城鎮集體企業、外商投資企業、城鎮私營企業和其他城鎮企業。

問題　保險費的徵繳對象

法條來源

<<社會保險費徵繳暫行條例>>

相關法條

◉ 第三條

基本養老保險費的征繳範圍：國有企業、城鎮集體企業、外商投資企業、城鎮私營企業和其他城鎮企業及其職工，實行企業化管理的事業單位及其職工。

基本醫療保險費的征繳範圍：國有企業、城鎮集體企業、外商投資企業、城鎮私營企業和其他城鎮企業及其職工，國家機關及其工作人員，事業單位及其職工，民辦非企業單位及其職工，社會團體及

其專職人員。

失業保險費的徵繳範圍：國有企業、城鎮集體企業、外商投資企業、城鎮私營企業和其他城鎮企業及其職工，事業單位及其職工。

省、自治區、直轄市人民政府根據當地實際情況，可以規定將城鎮個體工商戶納入基本養老保險、基本醫療保險的範圍，並可以規定將社會團體及其專職人員、民辦非企業單位及其職工以及有雇工的城鎮個體工商戶及其雇工納入失業保險的範圍。

社會保險費的費基、費率依照有關法律、行政法規和國務院的規定執行。

問 題　保險費的徵繳方法

法條來源

<<社會保險費徵繳監督檢查辦法>>

相關法條

◉- 第四條

勞動保障監察機構與社會保險經辦機構應當建立按月相互通報制度。社會保險經辦機構應當及時將需要給予行政處罰的繳費單位情況向勞動保障監察機構通報，勞動保障監督機構應當及時將查處違反規定的情況通報給社會保險經辦機構。

◉- 第五條

縣級以上地方各級勞動保障行政部門對繳費單位監督檢查的管轄範圍，由省、自治區、直轄市勞動保障行政部門依照社會保險登記、繳費申報和繳費工作管理許可權，制定具體規定。

西進**大陸**不冒險！

問題　保險費的徵繳方法

法條來源

<<社會保險費申報繳納管理暫行辦法>>

相關法條

◉ 第二條

本辦法規定的社會保險費是指基本養老保險費、失業保險費和基本醫療保險費。工傷保險費和生育保險費的申報、繳納可參照本辦法執行。

◉ 第三條

繳費單位進行繳費申報和社會保險經辦機構徵收社會保險費適用本辦法。由稅務機關徵收社會保險費的繳納管理辦法另行制定。

◉ 第四條

繳費單位應當到辦理社會保險登記的社會保險經辦機構辦理繳費申報。

◉ 第五條

繳費單位應當在每月5日前，向社會保險經辦機構辦理繳費申報，報送社會保險費申報表（以下簡稱申報表）、代扣代繳明細表以及社會保險經辦機構規定的其他資料。

繳費單位到社會保險經辦機構辦理社會保險繳費申報有困難的，經社會保險經辦機構批准，可以郵寄申報。郵寄申報以寄出地的郵戳日期為實際申報日期。

◉ 第六條

繳費單位因不可抗力因素，不能按期辦理社會保險繳費申報的，可

以延期辦理。但應當在不可抗力情形消除後立即向社會保險經辦機構報告。社會保險經辦機構應當查明事實，予以核准。

● 第七條

社會保險經辦機構應當對繳費單位送達的申報表和有關資料進行即時審核。對繳費單位申報資料齊全、繳費基數和費率符合規定、填報數量關係一致的申報表簽章核准；對不符合規定的申報表提出審核意見，退繳費單位修正後再次審核；對不能即時審核的，社會保險經辦機構應當自收到繳費單位申報表和有關資料之日起，最長不超過2日內審核完畢。

● 第八條

繳費單位不按規定申報應繳納的社會保險費數額的，社會保險經辦機構可暫按該單位上月繳費數額的百分之一百一十確定應繳數額；沒有上月繳費數額的，社會保險經辦可暫按該單位的經營狀況、職工人數等有關情況確定應繳數額。繳費單位補辦申報手續並按核定數額繳納社會保險費後，由社會保險經辦機構按照規定結算。

● 第九條

繳費單位必須在社會保險經辦機構核准其繳費申報後的3日內繳納社會保險費。繳費單位和繳費個人應當以貨幣形式全額繳納社會保險費。

● 第十條

繳費單位必須按照條例第十二條的規定嚴格履行代扣代繳義務，繳費單位依法履行代扣代繳義務時，任何單位或個人不得干預或拒絕。

◉ 第十一條

繳費單位的繳費申報經核准後，可以採取下列方式之一繳納社會保
險費：

（一）繳費單位到其開戶銀行繳納；

（二）繳費單位到社會保險經辦機構以支票或現金形式繳納；

（三）繳費單位與社會保險經辦機構約定的其他方式。

履行前款規定的申報核准程式後，銀行可以根據社會保險經辦機構
開出的托收憑證從繳費單位基本帳戶中劃繳社會保險費。

◉ 第十二條

徵收的社會保險費，應當進入社會保險經辦機構在國有商業銀行開
設的社會保險基金收入戶。社會保險經辦機構應當按照有關規定定
期將收到的基金存入財政部門在國有商業銀行開設的社會保障基金
財政專戶。

◉ 第十三條

社會保險經辦機構對已徵收的社會保險費，根據繳費單位的實際繳
納額（包括代扣代繳額）、代扣代繳明細表和有關規定，按以下程
式進行記帳。

（一）個人繳納的基本養老保險費、失業保險費和基本醫療保險費
，分別計入基本養老保險基金、失業保險基金和基本醫療保險基金
，並按規定記錄基本養老保險和基本醫療保險個人帳戶；

（二）單位繳納的社會保險費按照該單位三項基金應繳額的份額分
別計入基本養老保險基金、失業保險基金和基本醫療保險基金。

◉ 第十四條

社會保險經辦機構應當為繳費單位和繳費個人建立繳費記錄，並負

責安全、完整保存。繳費記錄應當一式兩份。

繳費單位、繳費個人有權按照規定查詢繳費記錄。

◉ 第十五條

社會保險經辦機構應當至少每年向繳費個人發送一次基本養老保險、基本醫療保險個人帳戶通知單。

◉ 第十六條

繳費單位應當每年向本單位職工代表大會通報或在本單位住所的顯著位置公佈本單位全年社會保險費繳納情況，接受職工監督。

◉ 第十七條

社會保險經辦機構應當至少每半年一次向社會公告社會保險費徵收情況，接受社會監督。

◉ 第十八條

繳費單位辦理申報後，未及時、足額繳納社會保險費的，社會保險經辦機構應當向其發出《社會保險費催繳通知書》；對拒不執行的，由勞動保障行政部門下達《欠繳社會保險費限期改正指令書》；逾期仍不繳納的，除補繳欠繳數額外，從欠繳之日，按日加收千分之二的滯納金。滯納金分別併入各項社會保險基金。

◉ 第十九條

社會保險經辦機構應當定期稽核繳費單位的職工人數、工資基數和財務狀況，確認繳費單位是否依法足額繳納社會保險費。被稽核的單位應當提供與繳納社會保險費的有關的用人情況、工資表、財務報表等資料，如實反映情況，不得拒絕稽核，不得謊報、瞞報。

社會保險經辦機構在接到有關繳納社會保險費的舉報後，應當及時向勞動保障行政部門報告，並調查被舉報單位的繳費情況。

◉ 第二十條

省、自治區、直轄市人民政府確定由稅務機關徵收社會保險費的，社會保險經辦機構應當及時把繳費單位的繳費申報情況提供給當地負責徵收的稅務機關；稅務機關應當及時向社會保險經辦機構提供繳費單位和繳費個人的繳費情況。

◉ 第二十一條

社會保險經辦機構應當按月將單位和個人繳納失業保險費的情況提供給負責支付失業保險待遇的經辦機構。

◉ 第二十二條

社會保險費申報表樣式由勞動和社會保障部統一制定。

問 題　保險費徵繳內容

法條來源

<<社會保險費徵繳監督檢查辦法>>

相關法條

◉ 第六條

社會保險費徵繳監督檢查應當包括以下內容：

（一）繳費單位向當地社會保險經辦機構辦理社會保險登記、變更登記或登出登記的情況；

（二）繳費單位向社會保險經辦機構申報繳費的情況；

（三）繳費單位繳納社會保險費的情況；

（四）繳費單位代扣代繳個人繳費的情況；

（五）繳費單位向職工公佈本單位繳費的情況；

（六）法律、法規規定的其他內容。

問題　社會保險徵繳的監督機制

法條來源

<<社會保險徵繳監督檢查辦法>>

相關法條

◉ 第七條

勞動保障行政部門應當向社會公佈舉報電話，設立舉報信箱，指定專人負責接待群眾投訴；對符合受理條件的舉報，應當於7日內立案受理，並進行調查處理，且一般應當於30日內處理結案。

◉ 第八條

勞動保障行政部門應當建立勞動保障年檢制度，進行勞動保險年度檢查，掌握繳費單位參加社會保險的情況；對違反條例規定的，應當責令其限期改正，並依照條例規定給予行政處罰。

◉ 第九條

勞動保障監察人員在執行監察公務和社會保險經辦機構工作人員對繳費單位進行調查、檢查時，至少應當由兩人共同進行，並應當主動出示執法證件。

◉ 第十條

勞動保障監察人員執行監察公務和社會保險經辦機構工作人員進行調查、檢查時，行使下列職權：

（一）叮以到繳費單位瞭解遵守社會保險法律、法規的情況；

（二）可以要求繳費單位提供與繳納社會保險費有關的用人情況、工資表、財務報表等資料，詢問有關人員，對繳費單位不能立即提供有關參加社會保險情況和資料的，可以下達勞動保障行政部門監

督檢查詢問書；

（三）可以記錄、錄音、錄影、照相和複製有關資料。

◉ 第十一條

勞動保障監察人員執行監察公務和社會保險經辦機構工作人員進行調查、檢查時，承擔下列義務：

（一）依法履行職責，秉公執法，不得利用職務之便謀取私利；

（二）保守在監督檢查工作中知悉的繳費單位的商業秘密；

（三）為舉報人員保密。

問 題　社會保險徵繳的監督機制

法條來源

<<社會保險徵繳暫行條例>>

相關法條

◉ 第十七條

繳費單位應當每年向本單位職工公佈本單位全年社會保險費繳納情況，接受職工監督。

社會保險經辦機構應當定期向社會公告社會保險費徵收情況，接受社會監督。

◉ 第十八條

按照省、自治區、直轄市人民政府關於社會保險費征繳機構的規定，勞動保障行政部門或者稅務機關依法對單位繳費情況進行檢查時，被檢查的單位應當提供與繳納社會保險費有關的用人情況、工資表、財務報表等資料，如實反映情況，不得拒絕檢查，不得謊報、

瞞報。勞動保障行政部門或者稅務機關可以記錄、錄音、錄影、照
相和複製有關資料；但是，應當為繳費單位保密。

勞動保障行政部門、稅務機關的工作人員在行使前款所列職權時，
應當出示執行公務證件。

◉ 第十九條

勞動保障行政部門或者稅務機關調查社會保險費徵繳違法案件時，
有關部門、單位應當給予支援、協助。

◉ 第二十條

社會保險經辦機構受勞動保障行政部門的委託，可以進行與社會保
險費徵繳有關的檢查、調查工作。

◉ 第二十一條

任何組織和個人對有關社會保險費徵繳的違法行為，有權舉報。勞
動保障行政部門或者稅務機關對舉報應當及時調查，按照規定處理
，並為舉報人保密。

◉ 第二十二條

社會保險基金實行收支兩條線管理，由財政部門依法進行監督。 審
計部門依法對社會保險基金的收支情況進行監督。

問題　懲罰機制(一)

法條來源

<<社會保險徵繳監督檢查辦法>>

相關法條

◉ 第十二條

繳費單位有下列行為之一，情節嚴重的，對直接負責的主管人員和其他直接責任人員處以1000元以上5000元以下的罰款；情節特別嚴重的，對直接負責的主管人員和其他直接責任人員處以5000以上10000元以下的罰款：

（一）未按規定辦理社會保險登記的；

（二）在社會保險登記事項發生變更或者繳費單位依法終止後，未按規定到社會保險經辦機構辦理社會保險變更登記或者社會保險註銷登記的；

（三）未按規定申報應當繳納社會保險費數額的。

◉ 第十三條

對繳費單位有下列行為之一的，依照條例第十三條的規定，從欠繳之日起，按日加收千分之二的滯納金，並對直接負責的主管人員和其他直接責任人員處以5000元以上20000元以下罰款：

（一）因偽造、變造、故意毀滅有關帳冊、材料造成社會保險費遲延繳納的；

（二）因不設帳冊造成社會保險費遲延繳納的；

（三）因其他違法行為造成社會保險費遲延繳納的。

◉ 第十四條

對繳費單位有下列行為之一的，應當給予警告，並可以處以5000元以下的罰款：

（一）偽造、變造社會保險登記證的；

（二）未按規定從繳費個人工資中代扣代繳社會保險費的；

（三）未按規定向職工公佈本單位社會保險費繳納情況的。

對上述違法行為的行政處罰，法律、法規另有規定的，從其規定。

◉ 第十五條

對繳費單位有下列行為之一的，應當給予警告，並可以處以10000元以下的罰款：

（一）阻撓勞動保障監察人員依法行使監察職權，拒絕檢查的；

（二）隱瞞事實真相，謊報、瞞報，出具偽證，或者隱匿、毀滅證據的；

（三）拒絕提供與繳納社會保險費有關的用人情況、工資表、財務報表等資料的；

（四）拒絕執行勞動保障行政部門下達的監督檢查詢問書的；

（五）拒絕執行勞動保障行政部門下達的限期改正指令書的；

（六）打擊報復舉報人員的；

（七）法律、法規及規章規定的其他情況。

對上述違法行為的行政處罰，法律、法規另有規定的，從其規定。

◉ 第十六條

本辦法第十二條、第十三條的罰款均由繳費單位直接負責的主管人員和其他直接責任人員個人支付，不得從單位報銷。

◉ 第十七條

對繳費單位或者繳費單位直接負責的主管人員和其他直接責任人員的罰款，必須全部上繳國庫。

◉ 第十八條

繳費單位或者繳費單位直接負責的主管人員和其他直接責任人員，對勞動保障行政部門作出的行政處罰決定不服的，可以於15日內，向上一級勞動保障行政部門或者同級人民政府申請行政復議。對行政復議決定不服的，可以自收到行政復議決定之日起15日內向人民法院提起行政訴訟。

行政復議和行政訴訟期間，不影響該行政處罰決定的執行。

◉ 第十九條

繳費單位或者繳費單位直接負責的主管人員和其他直接責任人員，在15日內拒不執行勞動保障行政部門對其作出的行政處罰決定，又不向上一級勞動保障行政部門或者同級人民政府申請行政復議，或者對行政復議決定不服，又不向人民法院提起行政訴訟的，可以申請人民法院強制執行。

◉ 第二十條

勞動保障行政部門和社會保險經辦機構的工作人員濫用職權、徇私舞弊、怠忽職守，構成犯罪的，依法追究刑事責任；尚不構成犯罪的，給予責任人員行政處分。

問題　懲罰機制(二)

法條來源

<<社會保險徵繳暫行條例>>

相關法條

◉ 第二十三條

繳費單位未按照規定辦理社會保險登記、變更登記或者註銷登記，或者未按照規定申報應繳納的社會保險費數額的，由勞動保障行政部門責令限期改正；情節嚴重的，對直接負責的主管人員和其他直接責任人員可以處1000元以上5000元以下的罰款；情節特別嚴重的，對直接負責的主管人員和其他自接責任人員可以處5000元以上10000元以下的罰款。

◉ 第二十四條

繳費單位違反有關財務、會計、統計的法律、行政法規和國家有關規定，偽造、變造、故意毀滅有關帳冊、材料，或者不設帳冊，致使社會保險費繳費基數無法確定的，除依照有關法律、行政法規的規定給予行政處罰、紀律處分、刑事處罰外，依照本條例第九條的規定征繳；遲延繳納的，由勞動保障行政部門或者稅務機關依照第十二條的規定決定加收滯納金，並對直接負責的主管人員和其他直接責任人員處5000元以上20000元以下的罰款。

◉ 第二十五條

繳費單位和繳費個人對勞動保障行政部門或者稅務機關的處罰決定不服的，可以依法申請復議；對復議決定不服的，可以依法提起訴訟。

◉ 第二十六條

繳費單位逾期拒不繳納社會保險費、滯納金的，由勞動保障行政部門或者稅務機關申請人民法院依法強制征繳。

◉ 第二十七條

勞動保障行政部門、社會保險經辦機構或者稅務機關的工作人員濫用職權、徇私舞弊、怠忽職守，致使社會保險費流失的，由勞動保障行政部門或者稅務機關追回流失的社會保險費；構成犯罪的，依法追究刑事責任；尚不構成犯罪的，依法給予行政處分。

◉ 第二十八條

任何單位、個人挪用社會保險基金的，追回被挪用的社會保險基金；有違法所得的，沒收違法所得，併入社會保險基金；構成犯罪的，依法追究刑事責任；尚不構成犯罪的，對直接負責的主管人員和其他直接責任人員依法給予行政處分。

女員工保護規定

問 題 　女職工的特殊保護

法條來源

<<中華人民共和國勞動法>>

相關法條

◉ 第二十九條

勞動者有下列情形之一的，用人單位不得依據本法第二十六條、第二十七條的規定解除勞動合同：

（三）女職工在孕期、為假、哺乳期內的；

◉ 第五十九條

禁止安排女職工從事礦山井下、國家規定的第四級體力勞動強度的勞動和其他禁忌從事的勞動。

◉ 第六十條

不得安排女職工在經期從事高處、低溫、冷水作業和國家規定的第三級體力勞動強度的勞動。

◉ 第六十一條

不得安排女職工在懷孕期間從事國家規定的第三級體力勞動強度的勞動和孕期禁忌從事的活動。對懷孕七個月以上的女職工，不得安排其延長工作時間和夜班勞動。

◉ 第六十二條

女職工生育享受不少於九十天的為假。

◉ 第六十三條

不得安排女職工在哺乳未滿一周歲的嬰兒期間從事國家規定的第三級體力勞動強度的勞動和哺乳期禁忌從事的其他勞動，不得安排其延長工作時間和夜班勞動。

◉ 第七十三條

勞動者在下列情形下，依法享受社會保險待遇：

(一)退休；

(二)患病、負傷；

(三)因工傷殘或者患職業病；

(四)失業；

(五)生育。

勞動者死亡後，其遺屬依法享受遺屬津貼。

勞動者享受社會保險待遇的條件和標準由法律、法規規定。

勞動者享受的社會保險金必須按時足額支付。

問 題　**女職工的特殊保護**

法條來源

<<女職工勞動保護規定>>

相關法條

◉ 第四條

不得在女職工懷孕期、產期、哺乳期降低其基本工資，或者解除勞動合同。

◉ 第五條

禁止安排女職工從事礦山井下、國家規定的第四級體力勞動強度的

勞動和其他女職工禁忌從事的勞動。

◉ 第六條

女職工在月經期間，所在單位不得安排其從事高空、低溫、冷水和國家規定的第三級體力勞動強度的勞動。

◉ 第七條

女職工在懷孕期間，所在單位不得安排其從事國家規定的第三級體力勞動強度的勞動和孕期禁忌從事的勞動，不得在正常勞動日以外延長勞動時間；對不能勝任原勞動的，應當根據醫務部門的證明，予以減輕勞動量或者安排其他勞動。

懷孕七個月以上（含七個月）的女職工，一般不得安排其從事夜班勞動；在勞動時間內應當安排一定的休息時間。

懷孕的女職工，在勞動時間內進行產前檢查，應當算作勞動時間。

◉ 第八條

女職工產假為九十天，其中產前休假十五天。難產的，增加產假十五天。多胞胎生育的，每多生育一個嬰兒，增加產假十五天。

女職工懷孕流產的，其所在單位應當根據醫務部門的證明，給予一定時間的產假。

◉ 第九條

有不滿一周歲嬰兒的女職工，其所在單位應當在每班勞動時間內給予其兩次哺乳（含人工餵養）時間，每次三十分鐘。多胞胎生育的，每多哺乳一個嬰兒，每次哺乳時間增加三十分鐘。女職工每班勞動時間內的兩次哺乳時間，可以合併使用。哺乳時間和在本單位內哺乳往返途中的時間，算作勞動時間。

◉ 第十條

女職工在哺乳期內，所在單位不得安排其從事國家規定的第三級體

力勞動強度和哺乳期禁忌從事的勞動，不得延長其勞動時間，一般不得安排其從事夜班勞動。

◉ 第十一條

女職工比較多的單位應當按照國家有關規定，以自辦或者聯辦的形式，逐步建立女職工衛生室、孕婦休息室、哺乳室、托兒所、幼稚園等設施，並妥善解決女職工在生理衛生、哺乳、照料嬰兒方面的困難。

問 題　女職工的勞動權益

法條來源

<<中華人民共和國婦女權益保障法>>

相關法條

◉ 第二十二條

國家保障婦女享有與男子平等的勞動權利和社會保障權利。

◉ 第二十三條

各單位在錄用職工時，除不適合婦女的工種或者崗位外，不得以性別為由拒絕錄用婦女或者提高對婦女的錄用標準。

各單位在錄用女職工時，應當依法與其簽訂勞動（聘用）合同或者服務協定，勞動（聘用）合同或者服務協定中不得規定限制女職工結婚、生育的內容。

禁止錄用未滿十六周歲的女性未成年人，國家另有規定的除外。

◉ 第二十四條

實行男女同工同酬。婦女在享受福利待遇方面享有與男子平等的權利。

◉ 第二十五條

在晉職、晉級、評定專業技術職務等方面，應當堅持男女平等的原則，不得歧視婦女。

◉ 第二十六條

任何單位均應根據婦女的特點，依法保護婦女在工作和勞動時的安全和健康，不得安排不適合婦女從事的工作和勞動。

婦女在經期、孕期、產期、哺乳期受特殊保護。

◉ 第二十七條

任何單位不得因結婚、懷孕、產假、哺乳等情形，降低女職工的工資，辭退女職工，單方解除勞動（聘用）合同或者服務協定。但是，女職工要求終止勞動（聘用）合同或者服務協定的除外。

各單位在執行國家退休制度時，不得以性別為由歧視婦女。

◉ 第二十八條

國家發展社會保險、社會救助、社會福利和醫療衛生事業，保障婦女享有社會保險、社會救助、社會福利和衛生保健等權益。

國家提倡和鼓勵為幫助婦女開展的社會公益活動。

八　北京、廣州婦女權益保障

| 問 題 | 婦女權益保障規定 |

法條來源

<<北京市實施<中華人民共和國婦女權益保障法>辦法>>

相關法條

◉ 第十九條

本市各級人民政府應當採取措施,發展職業介紹機構,為婦女提供就業服務。

◉ 第二十條

各單位在錄用職工時,除不適合婦女從事勞動的工種或者崗位外,用人單位不得以性別為由拒絕錄用婦女或者提高對婦女的錄用標準。

企業在轉換經營機制,改革勞動用工制度過程中,不得以性別為由歧視和排斥女職工。

◉ 第二十一條

各單位不得以女職工結婚、懷孕、產假、哺乳為由,降低其工資和福利待遇或者單方解除勞動合同。

◉ 第二十二條

各單位必須嚴格執行有關女職工勞動保護的法律、法規,保護女職工的安全和健康。

◉ 第二十三條

女職工在經期、孕期、法定產期和哺乳期享受特殊保護。任何單位和個人都必須執行國家和本市的有關規定,不得擅自減少或者取消女職工的產假或哺乳時間。

女職工在孕期和法定的產期、哺乳期內,晉職晉級、評定專業技術職務不受影響。

◉ 第二十四條

各單位應當堅持男女同工同酬的原則,男女職工享受同等福利待遇。

各單位在分配、出售福利住房時，應當堅持男女平等原則，不得作出「以男方為主」或者其他歧視婦女的規定。

◉ 第二十五條

本市各級人民政府要大力發展社會保險和社會救濟事業，為失業、患病、年老或者其他喪失勞動能力致使生活困難的婦女提供物質幫助。

◉ 第二十六條

本市逐步完善女職工生育保障制度，實行生育基金的社會統籌。具體辦法由市人民政府另行規定。

問題　婦女權益保障規定

法條來源

<<廣東省實施<中華人民共和國婦女權益保障法>規定>>

相關法條

◉ 第八條

各單位在錄用職工和對職工晉職、晉級、評定專業技術職務等方面，應當堅持男女平等的原則，不得歧視婦女。

禁止招用未滿十六周歲的女童工。

各單位在勞動制度改革或者精簡機構時，不得歧視和排斥女職工，不得違反規定強令女職工提前退休。

◉ 第九條

各單位在集資建房、分配住房以及其他生活設施時，應當實行男女平等，不得對女職工作出歧視性規定或者附加條件。

對配偶在異地工作或者離婚、喪偶的婦女以及年滿三十五周歲以上未婚女職工的住房安排，其所在單位應當予以照顧。

◉ 第十條

用工單位和女職工簽訂的勞動合同應當有勞動保護條款。女職工有依照國家規定享受特殊勞動保護的權利。

用工單位違反勞動保護規定，給女職工健康造成損害的，應當及時給予治療和賠償損失；對法定代表人或者直接責任人員，由勞動行政主管部門依法處理。構成犯罪的，依法追究刑事責任。

◉ 第十一條

用工單位不得以男職工調動、辭職、擅自離職等為由而辭退其同在本單位工作的配偶。違者，由勞動行政主管部門或者上級行政主管部門責令限期改正。給女職工造成損失的，用工單位應當予以賠償。

九 未成年工保護

問題　未成年工的定義問題

法條來源

<<未成年工特殊保護規定>>

相關法條

◉ 第二條

未成年工是指年滿十六周歲，未滿十八周歲的勞動者。

未成年工的特殊保護是針對未成年工處於生長發育期的特點，以及接受義務教育的需要，採取的特殊勞動保護措施。

問 題　未成年工不得從事的勞動

法條來源

《<未成年工特殊保護規定>》

相關法條

◉ 第三條

用人單位不得安排未成年工從事以下範圍的勞動：

（一）《生產性粉塵作業危害程度分級》國家標準中第一級以上的接塵作業；

（二）《有毒作業分級》國家標準中第一級以上的有毒作業；

（三）《高處作業分級》國家標準中第二級以上的高處作業；

（四）《冷水作業分級》國家標準中第二級以上的冷水作業；

（五）《高溫作業分級》國家標準中第三級以上的高溫作業；

（六）《低溫作業分級》國家標準中第三級以上的低溫作業；

（七）《體力勞動強度分級》國家標準中第四級體力勞動強度的作業；

（八）礦山井下及礦山地面採石作業；

（九）森林業中的伐木、流放及守林作業；

（十）工作場所接觸放射性物質的作業；

（十一）有易燃易爆、化學性燒傷和熱燒傷等危險性大的作業；

（十二）地質勘探和資源勘探的野外作業；

（十三）潛水、涵洞、涵道作業和海拔三千米以上的高原作業（不包括世居高原者）；

（十四）連續負重每小時在六次以上並每次超過二十公斤，間斷負

重每次超過二十五公斤的作業；

（十五）使用鑿岩機、搗固機、氣鎬、氣鏟、鉚釘機、電錘的作業；

（十六）工作中需要長時間保持低頭、彎腰、上舉、下蹲等強迫體位元和動作頻率每分鐘大於五十次的流水線作業；

（十七）鍋爐司爐。

問題　健康檢查

法條來源

<<未成年工特殊保護規定>>

相關法條

◉ 第六條

用人單位應按下列要求對未成年工定期進行健康檢查：

（一）安排工作崗位之前；

（二）工作滿一年；

（三）年滿十八周歲，距前一次的體檢時間已超過半年。

◉ 第七條

未成年工的健康檢查，應按本規定所附《未成年工健康檢查表》列出的項目進行。

◉ 第八條

用人單位應根據未成年工的健康檢查結果安排其從事適合的勞動，對不能勝任原勞動崗位的，應根據醫務部門的證明，予以減輕勞動量或安排其他勞動。

問 題	登記制度

法條來源

<<未成年工特殊保護規定>>

相關法條

◉ 第九條

對未成年工的使用和特殊保護實行登記制度。

（一）用人單位招收使用未成年工，除符合一般用工要求外，還須向所在地的縣級以上勞動行政部門辦理登記。勞動行政部門根據《未成年工健康檢查表》、《未成年工登記表》，核發《未成年工登記證》。

（二）各級勞動行政部門須按本規定第三、四、五、七條的有關規定，審核體檢情況和擬安排的勞動範圍。

（三）未成年工須持《未成年工登記證》上崗。

（四）《未成年工登記證》由國務院勞動行政部門統一印製。

◉ 第十條

未成年工上崗前用人單位應對其進行有關的職業安全衛生教育、培訓；未成年工體檢和登記，由用人單位統一辦理和承擔費用。

禁止使用童工

問題　禁止使用童工規定

資料來源

《禁止使用童工規定》

中華人民共和國國務院令第364號

相關內容

《禁止使用童工規定》已經2002年9月18日國務院第63次常務會議透過，現予公佈，自2002年12月1日起施行。

總理　朱鎔基

二〇〇二年十月一日（完）

◉ 第一條

為保護未成年人的身心健康，促進義務教育制度的實施，維護未成年人的合法權益，根據憲法和勞動法、未成年人保護法，制定本規定。

◉ 第二條

國家機關、社會團體、企業事業單位、民辦非企業單位或者個體工商戶（以下統稱用人單位）均不得招用不滿16周歲的未成年人（招用不滿16周歲的未成年人，以下統稱使用童工）。

禁止任何單位或者個人為不滿16周歲的未成年人介紹就業。

禁止不滿16周歲的未成年人開業從事個體經營活動。

◉ 第三條

不滿16周歲的未成年人的父母或者其他監護人應當保護其身心健康，保障其接受義務教育的權利，不得允許其被用人單位非法招用。

不滿16周歲的未成年人的父母或者其他監護人允許其被用人單位非法招用的，所在地的鄉（鎮）人民政府、城市街道辦事處以及村民委員會、居民委員會應當給予批評教育。

◉ 第四條

用人單位招用人員時，必須核查被招用人員的身份證；對不滿16周歲的未成年人，一律不得錄用。用人單位錄用人員的錄用登記、核查材料應當妥善保管。

◉ 第五條

縣級以上各級人民政府勞動保障行政部門負責本規定執行情況的監督檢查。

縣級以上各級人民政府公安、工商行政管理、教育、衛生等行政部門在各自職責範圍內對本規定的執行情況進行監督檢查，並對勞動保障行政部門的監督檢查給予配合。

工會、共青團、婦聯等群眾組織應當依法維護未成年人的合法權益。任何單位或者個人發現使用童工的，均有權向縣級以上人民政府勞動保障行政部門舉報。

◉ 第六條

用人單位使用童工的，由勞動保障行政部門按照每使用一名童工每月處5000元罰款的標準給予處罰；在使用有毒物品的作業場所使用童工的，按照《使用有毒物品作業場所勞動保護條例》規定的罰款幅度，或者按照每使用一名童工每月處5000元罰款的標準，從重處

罰。勞動保障行政部門並應當責令用人單位限期將童工送回原居住
地交其父母或者其他監護人,所需交通和食宿費用全部由用人單位
元承擔。

用人單位經勞動保障行政部門依照前款規定責令限期改正,逾期仍
不將童工送交其父母或者其他監護人的,從責令限期改正之日起,
由勞動保障行政部門按照每使用一名童工每月處1萬元罰款的標準處
罰,並由工商行政管理部門吊銷其營業執照或者由民政部門撤銷民
辦非企業單位登記;用人單位是國家機關、事業單位的,由有關單
位依法對直接負責的主管人員和其他直接責任人員給予降級或者撤
職的行政處分或者紀律處分。

●- 第七條

單位或者個人為不滿16周歲的未成年人介紹就業的,由勞動保障行
政部門按照每介紹一人處5000元罰款的標準給予處罰;職業仲介機
構為不滿16周歲的未成年人介紹就業的,並由勞動保障行政部門吊
銷其職業介紹許可證。

●- 第八條

用人單位未按照本規定第四條的規定保存錄用登記材料,或者偽造
錄用登記材料的,由勞動保障行政部門處1萬元的罰款。

●- 第九條

無營業執照、被依法吊銷營業執照的單位以及未依法登記、備案的
單位使用童工或者介紹童工就業的,依照本規定第六條、第七條、
第八條規定的標準加一倍罰款,該非法單位由有關的行政主管部門
予以取締。

◉ 第十條

童工患病或者受傷的，用人單位應當負責送到醫療機構治療，並負擔治療期間的全部醫療和生活費用。

童工傷殘或者死亡的，用人單位由工商行政管理部門吊銷營業執照或者由民政部門撤銷民辦非企業單位登記；用人單位是國家機關、事業單位的，由有關單位依法對直接負責的主管人員和其他直接責任人員給予降級或者撤職的行政處分或者紀律處分；用人單位還應當一次性地對傷殘的童工、死亡童工的直系親屬給予賠償，賠償金額按照國家工傷保險的有關規定計算。

◉ 第十一條

拐騙童工，強迫童工勞動，使用童工從事高空、井下、放射性、高毒、易燃易爆以及國家規定的第四級體力勞動強度的勞動，使用不滿14周歲的童工，或者造成童工死亡或者嚴重傷殘的，依照刑法關於拐賣兒童罪、強迫勞動罪或者其他罪的規定，依法追究刑事責任。

◉ 第十二條

國家行政機關工作人員有下列行為之一的，依法給予記大過或者降級的行政處分；情節嚴重的，依法給予撤職或者開除的行政處分；構成犯罪的，依照刑法關於濫用職權罪、玩忽職守罪或者其他罪的規定，依法追究刑事責任：

（一）勞動保障等有關部門工作人員在禁止使用童工的監督檢查工作中發現使用童工的情況，不予制止、糾正、查處的；

（二）公安機關的人民警察違反規定發放身份證或者在身份證上登錄虛假出生年月的；

（三）工商行政管理部門工作人員發現申請人是不滿16周歲的未成

年人，仍然為其從事個體經營發放營業執照的。

◉─ 第十三條

文藝、體育單位經未成年人的父母或者其他監護人同意，可以招用不滿16周歲的專業文藝工作者、運動員。用人單位應當保障被招用的不滿16周歲的未成年人的身心健康，保障其接受義務教育的權利。文藝、體育單位招用不滿16周歲的專業文藝工作者、運動員的辦法，由國務院勞動保障行政部門會同國務院文化、體育行政部門制定。

學校、其他教育機構以及職業培訓機構按照國家有關規定組織不滿16周歲的未成年人進行不影響其人身安全和身心健康的教育實踐勞動、職業技能培訓勞動，不屬於使用童工。

◉─ 第十四條

本規定自2002年12月1日起施行。1991年4月15日國務院發佈的《禁止使用童工規定》同時廢止。

問 題　禁止使用童工規定相關措施

資料來源

關於貫徹落實<<禁止使用童工規定>>的通知

勞社部發〔2003〕9號

相關內容

一、各有關部門應當高度重視，切實履行法定職責，在各自職責範圍內做好對《禁止使用童工規定》執行情況的監督檢查工作。

　　勞動保障部門應指導督促用人單位切實加強勞動合同管理，依法規範用工，建立錄用人員核查登記制度；全面實行職業仲介行政

許可制度，規範職業仲介行為，普遍推行勞動預備制度，嚴格把好就業准入關；督促用人單位嚴格按照國家工傷保險規定履行法定義務，完善工傷保險相關制度；加強勞動保障監察機構隊伍建設，加大勞動保障監察執法力度，依法嚴厲打擊使用童工的違法行為。

公安部門應加強對暫住人口的管理，配合勞動保障部門掌握本轄區內暫住人口中未成年人就業情況，積極配合有關部門嚴厲打擊非法使用童工行為。

工商行政管理部門應加強監督管理，嚴把市場准入關，不得為未滿16周歲的少年兒童發放個體工商戶營業執照。根據勞動保障部門的提請，依法對非法使用童工的用人單位給予吊銷營業執照的行政處罰。

教育部門應將《義務教育法》和《禁止使用童工規定》等法規納入學校法制教育內容，加強九年義務教育的實施工作，加大扶持城鄉貧困家庭兒童接受義務教育的力度，重視進城務工就業農民子女接受義務教育工作，做好女童教育工作。制定社會實踐勞動的有關規定。採取切實措施保障義務教育階段適齡少年兒童就學，加強學籍管理，防止學生流失和輟學，從源頭上遏止童工的產生。

衛生部門應按照《職業病防治法》和《使用有毒物品作業場所勞動保護條例》的規定，加強對工作場所作業環境的監管，對在使用有毒物品的作業場所中使用童工的行為，要按照法律法規的規定認真查處。

工會、共青團、婦聯等群團組織應加強對職工、婦女、兒童的法制宣傳教育，增強未成年人父母或監護人的法制觀念和未成年人的自我保護意識，積極配合政府職能部門加強對單位和個人非法使

用童工情況的法律監督，依法維護未成年人的合法權益。

二、各地要結合實際情況，認真分析研究打擊非法使用童工工作存在的問題，制定切實可行的工作計畫，紮紮實實抓好《禁止使用童工規定》的貫徹落實。

(一)開展法規清理。各地要對照《禁止使用童工規定》，抓緊清理原有的地方規章政策，並結合地方實際制定具體實施辦法，健全法規體系，為嚴厲打擊非法使用童工工作提供有力的法律武器。

(二)建立協調機制。各地要按照《禁止使用童工規定》，加強對非法使用童工行為的綜合治理，在當地政府領導下，建立以主管部門為主，各有關部門分工合作、相互配合的協調機制，以保證《禁止使用童工規定》的落實。

(三)加強監督檢查。各地要在日常監督檢查的基礎上，定期組織各有關部門進行聯合檢查，檢查情況於當年年底前上報勞動保障部，並抄送相關部門。

(四)發揮基層作用。鄉鎮、街道、村民委員會、居民委員會等基層政府和組織，應當通過宣傳教育等多種手段，使廣大不滿16周歲的未成年人的父母或監護人清楚地認識到，保障其子女或被監護人的身心健康和接受義務教育，不得允許不滿16周歲的未成年人被用人單位非法招用是其必須履行的法定義務。對允許非法招用的，要給予嚴肅的批評教育並及時向政府有關部門報告。要使打擊非法使用童工行為的工作落到實處並覆蓋全社會的各個角落。

(五)加強法制宣傳。各地要通過有效方式使全社會都廣泛瞭解《禁止使用童工規定》的內容，做到家喻戶曉、人人皆知，增強用人單

位和家長的法制觀念,提高少年兒童的自我保護意識,形成全社會都來積極支援禁止和打擊非法使用童工行為、關心和保護少年兒童成長發展的良好社會氛圍。

三、全面準確把握並嚴格貫徹執行《禁止使用童工規定》。

(一)準確把握禁止使用童工的主體,掌握好有關政策界限。《禁止使用童工規定》第二條依據勞動法有關規定,對原規定使用童工的主體進一步予以明確,排除了不滿16周歲的未成年人從事家庭勞動、家務勞動等未形成勞動關係的勞動,將禁止使用童工的主體限定為用人單位,即國家機關、社會團體、企業事業單位、民辦非企業單位或者個體工商戶。此外,第十三條規定,文藝、體育單位依法招用的不滿16周歲的專業文藝工作者、運動員以及學校、其他教育機構、職業培訓機構依法組織不滿16周歲的未成年人進行的教育實踐勞動、職業技能培訓勞動均不屬於使用童工。各省、自治區、直轄市人民政府依據原規定的授權所制定的允許未滿16周歲的未成年人從事的輔助性勞動的地方性規定,均應及時廢止。

(二)建立用人單位招用人員登記核查制度,規範用工管理。《禁止使用童工規定》第四條規定,用人單位在招用人員時,必須核查被招用人員的身份證,並進行錄用登記。錄用登記的主要內容應當包括:被錄用人姓名、性別、籍貫、出生年月等基本情況,公民身份證號碼,個人勞動合同登記號碼等基本情況。用人單位應當妥善保管錄用人員的錄用登記、核查等有關材料,接受政府職能部門的監督檢查。對用人單位未按規定進行錄用登記核查、未能妥善保管錄用登記核查材料或者偽造錄用登記核查材料的,一經查出,由勞動

保障行政部門責令改正,並按照《禁止使用童工規定》第八條的規定進行處罰。

(三)加大對非法使用童工的處罰力度,嚴格執行處罰標準和執法紀律。在查處使用童工案件時,各級勞動保障行政部門必須嚴格按照《禁止使用童工規定》的有關罰款標準予以處罰,不得以任何理由減免。在具體處罰中,對使用童工不滿一個月的,按一個月計算。

(四)加強勞動力市場清理整頓,打擊非法職介。根據《禁止使用童工規定》,禁止任何單位或者個人為不滿16周歲的未成年人介紹就業,對違反此規定者,由勞動保障行政部門吊銷其職業介紹許可證。勞動保障行政部門應當切實履行職責,加強對勞動力市場的管理,規範職業仲介行為。要全面實行職業仲介行政許可制度,制定民辦職業仲介資格的標準和服務規範,加強對民辦職業仲介機構的審批和管理。對各種非法職業仲介機構及違反本規定介紹不滿16周歲的未成年人就業的行為,要堅決依法查處。同時,要加大日常監督檢查工作力度,要求各類職業仲介機構在服務場所公示合法證照、批准證書、服務專案、收費標準、監督機關名稱和監督電話,向社會公佈舉報電話或設立投訴箱,接受社會的監督。

(五)做好對傷殘童工的一次性賠償工作,切實保障傷殘童工的合法權益。根據《禁止使用童工規定》第十條第二款的規定,使用童工傷殘或者死亡的,用人單位應當按照本規定承擔一次性賠償責任。勞動能力鑒定委員會應當對傷殘童工進行勞動能力鑒定。一次性賠償的具體辦法由勞動保障部根據國家工傷保險有關規定制定。

(六)做好對文藝、體育單位招用不滿16周歲的專業文藝工作者、運動員的管理工作,明確管理許可權和職責分工。文藝、體育單位經

未成年人的父母或者其他監護人同意招用不滿16周歲的專業文藝工作者、運動員的，應當採取切實可行的措施，保障其身心健康和接受義務教育的權利。文藝、體育單位招用不滿16周歲的專業文藝工作者、運動員，按文藝、體育單位的隸屬關係，由勞動保障和文化、體育行政部門進行管理，具體管理辦法另行制定。

(七)普遍推行勞動預備制度，提高公民的勞動素質。勞動預備制度的內容之一是國家通過職業學校和職業培訓機構組織已完成九年義務教育、未能繼續升學並且不滿16周歲的城鄉未成年人，參加13年的職業教育和職業培訓，取得相應的職業資格證書或掌握一定的職業技能後再實現就業。各地應按照規定的要求，嚴格執行國家最低就業年齡的法定標準，全面實施就業准入的有關規定，普遍推行勞動預備制度。用人單位招收錄用的人員必須達到法定就業年齡，對取得相應的職業學校學歷證書、職業培訓合格證書或職業資格證書的人員應優先錄用。

▶ 養老保險的多層次保險結構

（一）國家基本養老保險

　　國家基本的養老保險，是由國家統一建立並強制實行的，為退休後的城鎮企業職工提供養老保險待遇的保險。是法定保險，目的是使退休後的職工平等地獲得基本的生活保障。基本養老保險基金是由社會保險經辦的機構統一籌集和使用。在基本養老保險基金的負擔上，由政府、城鎮企業、職工三方面合理負擔。企業繳納基本養老保險費的比例一般不得超過企業工資總額的20％；職工個人繳納的比例最高為8％；國家負擔部分主要是採取對基本養老統籌基金讓稅、讓利以及在養老統籌基金不敷使用的情況下給予財政補貼的方式。基本養老保險是強制實行的，任何單位和個人都不得逃避繳納義務。

（二）企業補充養老保險

　　企業補充養老保險，是在國家法定的基本養老保險的基礎上，由企業根據自身的經濟能力為職工投保的高於基本養老保險標準的補充保險。補充養老保險以企業具有經濟實力、能承受為前提條件，目的是提高企業職工的養老保險待遇水準。補充養老保險由企業自願投保，並不受到強制規定。其補充養老保險費由企業從自有資

金中的獎勵、福利基金中提取，國家不負擔，職工也不負擔。建立補充養老保險的企業，應為職工建立個人帳戶，待職工退休時，可一次領取個人帳戶中的補充保險金。企業養老保險能使職工退休後享受更高的待遇水準，提高退休職工抵禦風險的能力，因此國家鼓勵企業根據本單位實際情況為職工建立補充養老保險。

（三）個人儲蓄性養老保險

個人儲蓄性養老保險，是指職工個人以儲蓄形式參加社會保險，是對國家基本養老保險和企業補充養老保險的補充。職工根據自己的經濟能力和意願決定是否投保，具有自願性。保險費由個人負擔，國家、企業均不負擔。個人儲蓄性養老保險實際上是職工為將來抵禦風險而自我儲蓄資金的方式。國家提倡職工個人投保儲蓄性養老保險。

在養老保險層次中，既有平等保障基本生活的組成部分，又有體現不同企業、不同職工之間由經濟效益和勞動貢獻差別所決定的保險待遇水準差別的組成部分。

案例1 懷孕婦女勞動權利被侵犯

【案情】

2006年5月6日，張某應聘於某建設開發公司工作，雙方未簽訂勞動合同，公司也未為張某辦理社會保險。2006年9月，張某結婚，同年11月12日，單位為張某出具準生證明。至2006年12月30日止，張某已懷孕十七周。同年12月4日，單位以張某不適合在公司工作為由，辭退了張某。張某以其懷孕公司不得辭退為由，向當地的

勞動爭議仲裁委員會申請仲裁。申訴期間，2007年1月7日，張某在公司擬好的《聲明》上簽了字，並領取了至2006年12月4日的工資。《聲明》內容為：「我係某公司職員，於2006年12月初離開公司，請按公司有關規定給我結算工資，結清後，與公司不再有任何糾葛。」

　　公司辯稱單位辭退張某時，張某還在試用期內，單位與張某未簽勞動合同，雙方並未建立正式的勞動關係，單位辭退張某完全是因張某在試用期間，不服從領導的工作安排，報銷時弄虛作假，無故曠工達十三天之久，不符合公司的錄用條件。根據《勞動法》第二十五條規定，勞動者在試用期間被證明不符合錄用條件的，用人單位可以解除勞動合同，單位據此辭退張某並無不妥。另外，張某按「聲明」結算了工資，說明其已同意與單位解除勞動關係。張某則稱其在單位工作期間，從未曠工，單位出具的考勤表不真實。她在試用期滿後，多次要求與單位簽訂勞動合同，單位一直未予辦理，也不繳納社會保險。申訴期間，因生活困難，為領取單位拖欠的工資，被迫在單位寫好的《聲明》上簽名。仲裁審理後裁決撤銷單位辭退張某的決定，並裁決單位與張某補簽勞動合同。

【評析】

本案爭議焦點：

1、勞動關係是否必須以試用期滿為標誌；

2、單位是否可以以張某在試用期間違紀，不符合錄用條件而與張某解除勞動關係？

3、張某在「聲明」上的簽字是否可以理解為係雙方合意解除勞動合同？

　　勞動關係沒有正式與非正式勞動關係之分，只有簽訂了勞動合同的勞動關係與沒有簽訂勞動合同的事實勞動關係之分。但無論哪種勞動關係，其勞動關係的確立並不是以試用期滿為標誌的，簽訂有勞動合同的，應從合同成立時確立；未簽訂勞動合同的，應從被錄用時確立。

　　本案中張某受聘於某建設開發公司工作已七個多月。雙方雖未簽訂勞動合同，但張某在單位工作時間已超過法定試用期的最長期限(六個月)，因此，雙方已形成事實上的勞動關係，該勞動關係亦應受法律保護。單位以張某曠工十三天為由，在超過《勞動法》規定的最長試用期六個月後解聘張某，但卻未有充分證據證實其理由，其行為違反了《勞動法》第二十五條第二項"勞動者嚴重違反勞動紀律或用人單位規章制度的，用人單位可以解除勞動合同"的規定。另外，根據《勞動法》的規定，女工在孕期、產假和哺乳期間，用人單位不得解除勞動合同。張某被解聘後向勞動仲裁部門申訴期間向單位簽署「聲明」，並非雙方真實意思表示，並不能證明雙方協商解除勞動關係。故單位作出辭退張某的決定是錯誤的，應予撤銷。

案例2 互有約定用人單位就可以不為職工辦理社會保險嗎？

【案情】

　　2006年4月，劉某等四人應聘到某公司，公司在待遇方面提出如果職工堅持要求辦理社會保險的話，從職工工資中每月扣除300

元。劉某等覺得還是多拿點工資好，至於辦不辦社會保險，也沒什麼關係。於是雙方簽訂了三年的勞動合同，在合同中規定每月工資2000元，對社會保險事宜公司不予負責。

2006年12月，勞動保障部門在進行檢查中發現該單位沒有依法為簽訂勞動合同的職工辦理社會保險，遂對其下達限期改善指令書，要求該公司為劉某等辦理參加社會保險手續。該公司則認為，公司不負責社會保險是經雙方協商同意，在勞動合同中已明確約定的。後經勞動保障部門工作人員對其宣導國家有關社會保險的法律法規和政策規定，雙方依法修改了合同內容並為劉某等辦理了參加社會保險手續。

【評析】

該案中雙方雖然在自願、協商一致的基礎上，簽訂了勞動合同，但是由於合同中有關社會保險約定的內容違反了國家現行法律、行政法規的規定，從而導致雙方合同中約定的部分條款無效，應當依法予以糾正。

國家制定了一系列法律法規保障職工依法參加社會保險。《勞動法》明確規定，「用人單位和勞動者必須依法參加社會保險，繳納社會保險費。」《社會保險費征繳暫行條例》第四條規定，「繳費單位、繳費個人應當按時足額繳納社會保險費。」並且明確規定了繳費單位的義務：向當地社會保險經辦機構辦理社會保險登記，參加社會保險；按月向社會保險經辦機構申報應繳納的社會保險費數額並在規定的期限內繳納，履行代扣代繳義務等。根據國家法律法規的規定，社會保險是國家強制保險，為職工辦理社會保險是用人單位法定義務，因此，劉某所在單位有義務為其辦理社會保險。

而本案中，雙方約定公司不負責為劉某等辦理社會保險，雖然是雙方在自願基礎上的約定，但是約定內容與法律、法規的規定相抵觸，自願簽訂並不能改變其違法性質，因此該條款是無效條款，對合同雙方沒有法律約束力，並且應當依法予以糾正。這個案例給我們以下幾點啟示：

1.是用人單位和勞動者在建立勞動關係時應當依法簽訂勞動合同。合同的依法訂立，其一要遵循平等自願、協商一致的原則；其二合同的內容要合法，不能與國家法律、行政法規的規定相抵觸。

2.是要加強社會保險有關法律法規政策的宣傳，提高用人單位和職工依法參加社會保險的自覺意識。

3.是勞動保障行政部門要進一步加強勞動合同鑒證工作，加強勞動合同管理，促進用人單位和職工之間簽訂合法有效的勞動合同，維護勞動合同雙方當事人的合法權益。

8
離職與裁員 》》

一、離職定義與生效

二、離職員工的處理

三、辭退賠償

四、裁員規定

熱點評説 ▶離職員工的工作交接與不良行為的預防

案例1　離職員工非法侵佔公司財產糾紛

案例2　員工離職有權領取年終獎嗎？

離職定義與生效

問題　離職的定義

資料來源

<<勞動人事部關於「離職」和「辭職」有關問題解釋的復函>>

勞人險函〔1983〕45號

相關內容

離職，主要是尚未喪失工作能力的幹部，由於個人原因要求退離的。

問題　離職與退職的區別

資料來源

<<勞動人事部關於「離職」和「辭職」有關問題解釋的復函>>

勞人險函〔1983〕45號

相關內容

完全喪失了工作能力而又不符合退休條件的幹部。

問題　自動離職及其處理

資料來源

《違反〈勞動法〉有關勞動合同規定的賠償辦法》

勞部發〔1995〕223號

相關內容

◉ 第一條

為明確違反勞動法有關勞動合同規定的賠償責任，維護勞動合同雙方當事人的合法權益，根據《中華人民共和國勞動法》的有關規定，制定本辦法。

◉ 第二條

用人單位有下列情形之一，對勞動者造成損害的，應賠償勞動者損失：

（一）用人單位故意拖延不訂立勞動合同，即招用後故意不按規定訂立勞動合同以及勞動合同到期後故意不及時續訂勞動合同的；

（二）由於用人單位的原因訂立無效勞動合同，或訂立部分無效勞動合同的；

（三）用人單位違反規定或勞動合同的約定侵害女職工或未成年工合法權益的；

（四）用人單位違反規定或勞動合同的約定解除勞動合同的。

◉ 第三條

本辦法第二條規定的賠償，按下列規定執行：

（一）造成勞動者工資收入損失的，按勞動者本人應得工資收入支付給勞動者，並加付應得工資收入25%的賠償費用；

（二）造成勞動者勞動保護待遇損失的，應按國家規定補足勞動者的勞動保護津貼和用品；

（三）造成勞動者工傷、醫療待遇損失的，除按國家規定為勞動者提供工傷、醫療待遇外，還應支付勞動者相當於醫療費用25%的賠償費用；

（四）造成女職工和未成年工身體健康損害的，除按國家規定提供治療期間的醫療待遇外，還應支付相當於其醫療費用25%的賠償費用；

（五）勞動合同約定的其他賠償費用。

◉ 第四條

勞動者違反規定或勞動合同的約定解除勞動合同，對用人單位造成損失的，勞動者應賠償用人單位下列損失：

（一）用人單位招收錄用其所支付的費用；

（二）用人單位為其支付的培訓費用，雙方另有約定的按約定辦理；

（三）對生產、經營和工作造成的直接經濟損失；

（四）勞動合同約定的其他賠償費用。

第五條　勞動者違反勞動合同中約定的保密事項，對用人單位造成經濟損失的，按《反不正當競爭法》第二十條的規定支付用人單位賠償費用。

◉ 第六條

用人單位招用尚未解除勞動合同的勞動者，對原用人單位造成經濟損失的，除該勞動者承擔直接賠償責任外，該用人單位應當承擔連帶賠償責任。其連帶賠償的份額應不低於對原用人單位造成經濟損失總額的70%。向原用人單位賠償下列損失：

（一）對生產、經營和工作造成的直接經濟損失；

（二）因獲取商業秘密給原用人單位造成的經濟損失。

賠償本條第（二）項規定的損失，按《反不正當競爭法》第二十條的規定執行。

◉ 第七條

因賠償引起爭議的，按照國家有關勞動爭議處理的規定辦理。

◉ 第八條

本辦法自發佈之日起施行。

自動離職，是職工擅自離職而強行解除與用人單位勞動關係的一種行為。有的職工因辭職未准或要求解除合同未被同意，便擅自離職或違約出走；有的職工未說明原因不辭而別；也有的受優厚待遇誘惑而擅自「跳槽」等均屬自動離職範圍。

職工自動離職給用人單位造成了損失，用人單位要求職工賠償或交付違約金而發生的爭議，稱為自動離職爭議。

問題　其他離職情形

法條來源

<<中華人民共和國勞動法>>

相關法條

◉ 第二十五條

勞動者有下列情形之一的，用人單位可以解除勞動合同：

（一）在試用期間被證明不符合錄用條件的；

（二）嚴重違反勞動紀律或者用人單位規章制度的；

（三）嚴重失職，營私舞弊，對用人單位利益造成重大損害的；

（四）被依法追究刑事責任的。

◉ 第二十六條

有下列情形之一的，用人單位可以解除勞動合同，但是應當提前

三十日以書面形式通知勞動者本人：

（一）勞動者患病或者非因工負傷，醫療期滿後，不能從事原工作也不能從事由用人單位另行安排的工作的；

（二）勞動者不能勝任工作，經過培訓或者調整工作崗位，仍不能勝任工作的；

（三）勞動合同訂立時所依據的客觀情況發生重大變化，致使原勞動合同無法履行，經當事人協商不能就變更勞動合同達成協議的。

◉ 第二十九條

勞動者有下列情形之一的，用人單位不得依據本法第二十六條、第二十七條的規定解除勞動合同：

（一）患職業病或者因工負傷並被確認喪失或者部分喪失勞動能力的；

（二）患病或者負傷，在規定的醫療期內的；

（三）女職工在孕期、為假、哺乳期內的；

（四）法律、行政法規規定的其他情形。

◉ 第三十條

用人單位解除勞動合同，工會認為不適當的，有權提出意見。如果用人單位違反法律、法規或者勞動合同，工會有權要求重新處理；勞動者申請仲裁或者提起訴訟的，工會應當依法給予支持和幫助。

◉ 第三十一條

勞動者解除勞動合同，應當提前三十日以書面形式通知用人單位。

◉ 第三十二條

有下列情形之一的，勞動者可以隨時通知用人單位解除勞動合同：

（一）在試用期內的；

（二）用人單位以暴力、威脅或者非法限制人身自由的手段強迫勞動的；

（三）用人單位未按照勞動合同約定支付勞動報酬或者提供勞動條件的。

 # 離職員工的處理

問 題	對擅自離職的一般處理

資料來源

<<關於企業職工要求「停薪留職」問題的通知>>

勞人計[1983] 61號第二條、第六條

相關內容

對於未經批准而擅自離職的職工，按自動離職處理。

停薪留職期滿後的一個月以內，本人既未要求回原單位工作，又未辦理辭職手續的，原單位有權按自動離職處理。

問 題	對擅自離職的一般處理

資料來源

<<全民所有制單位技術工人合理流動暫行規定>>

勞人勞[1987] 14號第十一條

相關內容

對擅自離職的，以曠工論處，可按照<<企業職工獎懲條例>>的規定，給予除名處理。

問題 　對技術工人擅自離職的處理

法條來源

<<全民所有制事業單位技術工人合理流動暫行規定>>

勞人勞[1987] 14號

相關法條

◉ 第十一條

未經批准，技術工人不得擅自離職。對擅自離職的，以曠工論處，可按照《企業職工獎懲條例》的規定，給予除名處理。被除名技術工人，自除名之日起1年內其他單位不得錄用。

問題 　對專業技術人員和管理人員擅自離職的處理

法條來源

<<全民所有制事業單位專業技術人員和管理人員辭職暫行規定>>

1990年9月8日人調發[1990] 19號

相關法條

◉ 第十三條

辭職應按規定程式辦理手續，不得擅自離職。對擅自離職人員，要進行批評教育，並分別不同情況妥善處理。符合本規定第五條、第

七條可以辭職或經批准允許辭職的，要補辦辭職手續。其餘的要動員返回。對拒不返回和拒不補辦手續的，按自動離職處理，以後被其他單位錄用，工齡從重新錄用之日起計算。

問 題　自動離職的工齡計算

法條來源

勞辦發[1995]104號

相關法條

自動離職的職工，其離職前的工齡與重新就業參加工作後的工齡，可按勞發辦[1995]104號合併計算為連續工齡。

問 題　離職證明與連帶責任

資料來源

《關於除名職工重新參加工作後工齡計算有關問題的請示》的覆函

勞辦發[1995]104號

相關內容

用人單位與職工解除勞動關係後，應當向職工提供相應的證明材料。在召用職工時應驗其終止、解除勞動合同的證明，以及其他能證明該職工與任何用人單位不存在勞動關係的憑證，方可與其簽訂勞動合同。

用人單位違反法律、法規和有關規定的從其他單位在職職工招錄人員，給原用人單位造成損失的，用人單位應當承擔連帶賠償責任。

辭退賠償

| 問 題 | **辭退賠償的法律規定** |

法條來源

<<全民所有制事業單位辭退專業技術人員和管理人員暫行規定>>

人調發〔1992〕18號

相關法條

◉-第七條

單位辭退專業技術人員和管理人員，應發給被辭退人員辭退費。辭退費由單位在其辦完有關手續後一次性發給，並將《辭退費發放證明》存入本人檔案。辭退費發放標準如下：

（一）工作一年以上不滿五年（含見習期）的，發給本人當年基本工資（基礎工資、職務工資、工齡工資之和，護上加護齡津貼，中小學教師加教齡津貼，下同）總額的60％；

（二）工作五年至十年（含五年）的，發給本人當年基本工資總額的65％；

（三）工作十年（含十年）以上的，發給本人當年基本工資總額的75％。

已實行待業保險的地方和部門，不發給辭退費，被辭退人員可按有關規定享受待業保險待遇。

◉-第八條

辭退費從單位事業費中列支。

| 問 題 | 辭退賠償的法律規定 |

資料來源

<<全國整頓企業勞動組織工作座談會紀要>>

相關內容

富餘人員(冗員)自願要求辭職自謀生計的,經企業領導批准,可以辦辭職手續。經批准的辭職人員,家居城鎮的,工齡每滿一年,發給相當於本人半個月標準工資的一次性的生活補助費,最多不超過六個月的工資;回農村的,工齡每滿一年,發給相當於本人一個月標準工資的一次性的生活補助費,最高不超過十二個月的工資。

 # 四 裁員規定

| 問 題 | 裁員申請的條件 |

資料來源

<<勞動法>>、<<企業經濟性裁減人員規定>>第二條

勞動部[1994] 447號

相關內容

用人單位瀕臨破產,被人民法院宣告進入法定整頓期間或生產經營發生嚴重困難,達到當地政府規定的嚴重困難企業標準,確需裁減人員的,可以裁員。

問 題　裁員的程式

資料來源

<<關於貫徹執行<勞動法>若干問題的意見>>、<<勞動法>>第二十七條、<<企業經濟性裁減人員規定>>第四條 勞動部[1994] 447號

相關法條

用人單位確需裁減人員，應按下列程式進行：

（一）提前三十日向工會或者全體職工說明情況，並提供有關生產經營狀況的資料；

（二）提出裁減人員方案，內容包括：被裁減人員名單，裁減時間及實施步驟，符合法律、法規規定和集體合同約定的被裁減人員經濟補償辦法；

（三）將裁減人員方案徵求工會或者全體職工的意見，並對方案進行修改和完善；

（四）向當地勞動行政部門報告裁減人員方案以及工會或者全體職工的意見，並聽取勞動行政部門的意見；

（五）由用人單位正式公佈裁減人員方案，與被裁減人員辦理解除勞動合同手續，按照有關規定向被裁減人員本人支付經濟補償金，出具裁減人員證明書。

問 題　不得列入裁員的範圍

法條來源

<<企業經濟性裁減人員規定>>

勞動部[1994] 447號

相關法條

◉ 第五條

用人單位不得裁減下列人員：

（一）患職業病或者因工負傷並被確認喪失或者部分喪失勞動能力的；

（二）患病或者負傷，在規定的醫療期內的；

（三）女職工在孕期、產期、哺乳期內的；

（四）法律、行政法規規定的其他情形。

問 題　經濟補償金

法條來源

《違反和解除勞動合同的經濟補償辦法》

相關法條

◉ 第九條

用人單位瀕臨破產進行法定整頓期間或者生產經營狀況發生嚴重困難，必須裁減人員的，用人單位按被裁減人員在本單位工作的年限支付經濟補償金。在本單位工作的時間每滿一年，發給相當於一個月工資的經濟補償金。

問 題　就業機會

法條來源

《企業經濟性裁減人員規定》

相關法條

◉ 第三條

用人單位有條件的，應為被裁減的人員提供培訓或就業幫助。

◉ 第七條

用人單位從裁減人員之日起，六個月內需要新招人員的，必須優先從本單位裁減的人員中錄用，並向當地勞動行政部門報告錄用人員的數量、時間、條件以及優先錄用人員的情況。

問題 失業救濟

法條來源

<<企業經濟性裁減人員規定>>

相關法條

◉ 第六條

對於被裁減而失業的人員，參加失業保險的，可到當地勞動就業服務機構登記，申領失業救濟金。

問題 對不依法裁員的用人單位的懲罰

法條來源

<<企業經濟性裁減人員規定>>

相關法條

◉ 第八條

勞動行政部門對用人單位違反法律、法規和有關規定裁減人員的，

應依法制止和糾正。

◉ 第九條

工會或職工對裁員提出的合理意見，用人單位應認真聽取。

用人單位違反法律、法規規定和集體合同約定裁減人員的，工會有權要求重新處理。

◉ 第十條

因裁減人員發生的勞動爭議，當事人雙方應按照勞動爭議處理的有關規定執行。

熱 · 點 · 評 · 說

▶ 離職員工的工作交接與不良行為的預防

　　不管員工是以何種理由與企業終止勞動關係，其離職時往往是企業勞動權益受到侵犯最多的時候。其中有的是企業由於沒有做好離職員工的交接工作，造成業務中斷，影響了生產經營的正常運行，而有的則是離職員工的不良行為對企業勞動權益的直接侵害，如帶走財物、資料，毀滅資訊，製造機器設備故障等。因此做好離職員工的工作交接，預防離職員工的不良行為發生，對於保護企業的勞動權益也很重要。

■ 離職員工的工作交接

員工離職時在企業交接方面主要有兩方面的問題：一是員工本人不配合企業做好工作交接；二是企業不重視工作交接，結果造成企業工作上的損失。企業應當把離職員工的工作交接作為保護勞動權益的一項重要事項來做，主要注意以下幾個環節：

（1）崗位工作交接

員工在離職前必須履行崗位中做交接義務。工作交接包括兩個方面的內容：一是離職員工向接替其工作的員工介紹本崗位的職責、工作範圍、工作方法和業務運作程式，交清本崗位上各種設備、設施情況，並讓設備、設施在正常供運行情況下交給接替員工；二是向接替人員或企業指定的人員交代尚未完成的工作任務，如與客戶之間未履行完的合同，需要繼續催要的債務以及其他與工作職責有關的尚未完成的一切事務。

（2）清償債務

員工離職時拖欠企業的債務，如欠企業的借款，賠償企業損失或受到罰款處理尚未繳清的款項，企業不能忘記清償。員工欠企業的債務，必須在交接工作過程中同時進行，或規定時間予以限制，在限定的時間內清償完畢。清償辦法可以由員工一次性支付，也可以由企業一次性從離職員工的工資或經濟補償金中扣除，也可以由離職員工選擇其他方式償還。

（3）交還物品

員工在企業工作期間，因工作職責或工作需要由其保管或企業配發給員工個人使用的、屬於企業的辦公用品或其他財物，如筆記

型電腦、行動電話、計算器、交通工具等，都應當在離職前交還企業。企業應指定專人接收，並辦理接收手續。如有損失或損壞，應由離職員工本人按企業有關規定賠償。

（4）清理檔資料

員工離職時，應對員工在職期間保管和使用的企業的全部檔和有關資料進行清理，該收回的要收回，該銷毀的要銷毀。如各種圖表、圖樣、備忘錄、客戶名單、財務帳目、市場訊息、各種書籍、工作計畫、工作紀錄、各種媒體中的資訊以及知識權屬於企業的員工本人的設計、發明、技術等資料。對於檔資料的清理，要進行詳細登記，並經主管部門負責人核實簽字認可。

（5）交還證件

員工在職期間，因工作需要由企業發給的各種證件，如工作證、購買証、借閱證等，不屬於個人所有的都應全部收回。

■ 離職員工不良行為的預防

大多數員工離職時，能夠保持一種平和的心態，不會產生嚴重的不良行為而使企業勞動權益收到危害。但也有的員工，特別是因違紀被企業處理的員工勞動合同期滿不想離職，但被企業拒絕續延勞動關係的員工，平時與主管或其他管理人員有矛盾的員工，很可能發洩不滿情緒，從而產生不良行為。因此，企業不能對此放鬆警惕、疏於管理，應當既做好預防離職員工不良行為發生的工作，又能採取有效措施應對離職員工已經出現的不良行為。

■ 離職員工不良行為的表現

從一些企業員工離職時發生的問題看，離職員工的不良行為一般有下列表現：

（1）抵制行為

抵制行為主要表現為員工離職前採取一種不與企業合作、事事都消極對抗的態度，員工認為自己反正要走了，無所謂了，以不求什麼進取，更不想與企業搞好關係，因此，不遵守有關制度，不服從管理，不能按時按質按量完成工作任務和履行其他職責，各方面都表現出消極和不負責任。

（2）偷竊行為

一些平時品行不夠端正的員工，離職時往往會舊病復發，重複以前各種劣跡，趁機偷竊企業的貴重物品，有的偷拿同事或其他員工的錢物。

（3）破壞行為

勞動關係存續期間，員工工作表現不好，經常受到批評或因違紀受到處分，經濟處罰，與企業之間發生過摩擦或有矛盾，他們中有的員工為了發洩對企業的不滿情緒，離職前不但工作消極，還可能故意違章會或採取其他手段，損壞機器、設備和企業的其他財物。

（4）製造事端

有的員工可能利用工作上的某些環節或辦理手續等，藉機與管理人員、同事鬧矛盾，有意製造糾紛，造成企業生產工作秩序混亂。有的甚至製造流言蜚語，中傷企業管理人員或平時與其有矛盾的同事，挑逗、侮辱他人，藉機惹起事端。

■ 離職員工不良行為的防範與處理

　　離職員工雖然很快就要與企業終止勞動關係，但其離職前的不良行為仍會對企業造成不良影響，也不利於員工本人的進步成長，本著對企業和員工負責的精神，也從保護企業勞動權益出發，應盡量避免離職員工發生不良行為。對離職員工的不良行為，企業應重在預防同時要針對員工發生的不良行為表現，採取果斷措施予以處理，不能因為員工將離職就對其不良行為遷就姑息。主要應做好下列工作：

（1）重視思想教育

　　離職是員工職業生涯的一次轉折，特別是被動離職的員工，如果心理準備不充分或根本沒有心理準備，離職後不知所措或工作一時難以把握，往往會產生一些思想問題，導致出現不良行為。因此企業應當對離職員工進行必要的思想教育，引導員工正確對待職業轉換，以良好的思想品德和精神風貌度過離職期，不給自己的人生留下任何汙點。

（2）緩解矛盾

　　員工和企業管理人員不管是思想上還是工作上有矛盾的，或者過去曾經發生過不愉快的事情，在員工離職前，管理人員都應主動與員工進行溝通，且應多做自我批判。透過溝通，達到相互理解、相互諒解、消除怨氣。這對離職員工來說，能夠消除心理上的壓力和不滿情緒，而有效防止不良行為的發生。

（3）嚴格要求，嚴格管理

　　員工離職前的一些不良行為，既有其自身思想上的問題，也有

企業管理上的問題。離職員工在未辦理完離職手續前，仍然是企業的員工，必須履行勞動合同規定的職責，接受企業的管理。企業不能因為其將要離職而遷就放任，要和在職員工一樣，嚴格要求，嚴格管理。

（4）加強管理，及時處理

企業對於離職員工，應當採取一定的組織措施進行監督，特別是關鍵崗位上的員工，應有人負責，不為其發生不良行為留下任何可乘之機。如果發現有不良行為的苗頭，應果斷將其撤離關鍵崗位。對於已發生的不良行為，要及時進行處理，若給企業造成經濟損失，則應按損失程度要求其予以賠償，並應視情節給予必要的處罰。

案例1 離職員工非法侵佔公司財產糾紛

【案情】

被告何喬治(外籍人員)原系原告公司上海代表處的首席代表，其在向公司提出辭職後未能交出其在職期間帳冊，且未經原告同意擅自將登記名稱為原告的中國移動手機號線免費過戶給被告上海英思電子科技有限公司。原告因此聘請吳濱、徐強律師作為代理人向上海市盧灣區人民法院提起訴訟。後在審理過程中，原告發現被告佔有原告運營資金人民幣67,472.28元。遂向法院增加訴訟請求，要求被告返還該款項。

被告辯稱，其在原告公司任職時，從未建立過帳冊，其辭職前從公司提取的人民幣67,472.28元系其分紅應得款，並提供了其與

原告公司法定代表人之間的電子郵件列印件、中國銀行（香港）有限公司客戶通知書證明。兩被告同意將原告公司名下的手機號線恢復到原告公司上海辦事處名下。

一審法院認為：原告未能就其所稱之帳冊的存在及該帳冊在被告處提出證據證明，應承擔舉證不能的責任，故對原告要求被告返還帳冊的訴請，不予支援。對原告要求被告返還營運資金一節，依現有證據，現在被告處的資金存在年度分紅之爭，此爭議屬《中華人民共和國勞動法》調整、救濟範圍，具有爭議仲裁前置的規定，故對原告此項請求，本案不予處理。對於原告要求兩被告共同將該號線恢復至原告公司上海辦事處名下的訴訟請求，可予支持，所需費用由被告負擔。

【評析】

現今，越來越多的外資企業來到上海投資、設立辦事處。如本案中，由於所聘工作人員個人的誠信問題，在辭職另謀出路的同時帶走公司大量的內部資料、客戶資訊的現象極為普遍，損害公司的利益，給公司造成了極大的損失。為了避免此種情況的發生以及由此引發的一系列麻煩，律師提醒各公司企業在聘請工作人員時可以就有關事項簽訂合同，也可長期聘任律師提供法律服務，以防患於未然。

案例2 員工離職有權領取年終獎嗎？

【案情】

張先生2004年5月進入上海某合資公司工作，2006年9月離職。今年1月，張先生得知公司發放2006年年終獎，認為自己也應拿到一半獎金。公司不同意，說只有發放年終獎時仍然在冊的員工才能享受年終獎，而張先生已經離職，無權再拿年終獎。張先生不服，向勞動爭議仲裁委員會提起仲裁。

雙方的爭議焦點就在於：離職員工是否有權領取年終獎？

張先生認為，離職員工也在過去的一年中或多或少為公司做出了貢獻。年終獎既然是對於員工在一年中為公司工作的回報與獎勵，如果員工按勞動合同和公司的規定完成了自己的工作職責，公司就應當貫徹同工同酬的原則，不能歧視離職員工。

公司則認為，國家的法律法規目前對於年終獎的發放並沒有明確的規定，因此，只要不違反法律規定和勞動合同的約定，企業完全有權自主決定年終獎的發放範圍和發放方式。

仲裁委員會審理後最終裁決：公司有權自主制訂年終獎分配方案，但是由於本案中公司規章制度和勞動合同都沒有對年終獎進行明確規定，因此，按照同工同酬的原則，張先生應當得到相應的年終獎獎金額。

【評析】

公司有權自主制訂年終獎分配方案，但是由於本案中公司規章制度和勞動合同都沒有對年終獎進行明確規定，因此，按照同工同酬的原則，曹先生應當得到一半年終獎。

從案中可見，勞動爭議仲裁委員會對於年終獎糾紛處理的基本依據有兩個：

一是同工同酬的法律原則；

二是爭議雙方的勞動合同及用人單位的規章制度。

在勞動合同和規章制度沒有對年終獎的發放進行規定的條件下，仲裁委員會主要依據同工同酬的法律原則進行處理。

年終獎的設立是企業內部管理事務的一部分，而不是勞動法及相關法規強制調整的內容。勞動法是社會法，兼具公法和私法的性質。其公法性質主要體現在對員工的基本生活保障上，如最低工資標準的執行、社會保險費的繳納等。此類勞動法強制規定的內容，公司和員工都應當嚴格依法履行，若有違反，將由勞動行政等有關部門強制執行。但年終獎則完全不同了，它屬於勞動法私法性質的內容，勞動法並沒有規定公司必須給員工發放年終獎，因此，公司完全有權決定不發放年終獎，也有權自主決定年終獎發放的具體標準和方式。

年終獎屬不屬於勞動報酬的範圍，目前還有爭論。但毫無疑問，年終獎作為一種特殊的獎金，必然與員工的薪酬收入和企業的績效管理緊密相關。一般來說，每個用人單位都有權自主制訂年終獎的分配方案。如果沒有勞動合同或集體合同的約定，也沒有企業規章制度的規定，企業可以根據自己的經營情況決定是否發放年終獎，以及年終獎的發放標準和範圍等。但是以員工離職作為扣發年終獎的方式值得進一步商確。

9 工會 >>

熱點評說 ▶外資企業沒有組工會，企業是否違法呢？

案例1 工會在安全生產中的建議權

案例2 非法解雇工會幹部的法律責任

工會的性質

　　工會是勞動者的群眾組織，是勞動者為了爭取政治、經濟地位而組織的群眾性社會團體。《工會法》總則第二條明確規定："工會是職工自願結合的工人階級的群眾組織。"這一規定明確看出工會組織的性質，工會組織是有階級性和群眾性的特點。

1.工會的階級性

　　工會是工人階級的組織，具有鮮明的階級性。工會的階級性具體表現在兩個方面：第一，工會會員必須是工人階級分子，其他人不能加入工會。確定是否為工會會員的標準只有一個，工人階級分子即工資勞動者。比如私營企業的老闆、個體工商業者、還有農民等，都不能加入工會。工會會員的成分是工會階級性的基礎，參加工會的基本要求是階級成分，而不是其他標準。第二，工會是根據大多數工人階級分子的要求而成立和存在的，接受工人階級政黨的領導，這也體現了工會的階級性。在資本主義時期，工會是工人階級聯合起來和資本家進行鬥爭的組織；在社會主義時期，工人階級特別是廣大工人群眾為了實現自己的利益要求而參加工會，並始終堅持在共產黨的領導下開展活動。

2.工會的群眾性

　　工會具有廣泛的群眾性。工會的群眾性是工會在工人階級內部組織中所具有的特性。與工人階級其他組織相比，工會的最突出的特點就在於它的群眾性。工會的群眾性體現在三個方面：第一，會

員的廣泛性體現了工會的群眾性。只要是工人階級分子，不管其民族、種族、性別、職業、宗教信仰、教育程度，都有組織工會和加入工會的權利；第二，組織和參加工會是職工自願的，職工的意願是組織工會或參加工會的前提條件，除此之外沒有別的附加條件。如加入工會不需要像入黨那樣經過嚴格的組織考察、考驗，也不要求思想先進、知識水準高。職工群眾有參加或退出工會的自由；第三，工會主要是根據大多數會員的意見和要求開展工作，會員的利益和要求是工會工作的出發點。

　　階級性和群眾性是工會的兩個本質屬性，兩者是緊密結合在一起的。工會的群眾性是以階級性為前提的，而工會的階級性又是以群眾性為基礎的。只有當街及性和群眾性兩者相互統一、緊密結合在一起時，才能真正的體現出工會的性質。

 # 工會的法律地位

　　工會的法律地位是指工會作為工人階級的群眾組織在國家的政治體制中所處的位置，在社會政治、經濟、文化生活中所處的地位。根據《工會法》的規定，工會的法律地位主要體現在以下幾個方面：

（1）職工享有組織和參加工會的自由和權利，工會以憲法為根本活動準則，按照工會章程獨立自主地開展工作。

（2）工會是人民民主專政的國家政權的社會支柱。工會教育並組

織職工維護憲法、法律，協助政府開展工作，鞏固工人階級領導的人民政權。

（3）參加管理國家事務，管理經濟和文化事業，管理社會事務；參加企業、事業單位的民主管理。

（4）代表和維護職工的合法權益。工會在民主管理、勞動報酬、勞動保護、社會保障、工會時間與休息時間、勞動爭議等方面有權代表和維護職工合法權益，從而確立了工會作為職工代表者的法律地位。

（5）工會是對職工進行教育的學校。工會對職工進行愛國主義、集體主義、社會主義教育，民主、法制、紀律教育，以及科學、文化、技術教育，使職工成為「四有」勞動者。

三 工會的權利

（一）參與管理國家事務、經濟文化事業和社會事務的權利

憲法原則要求，社會主義國家保障人民參加管理國家，管理各項經濟事業和文化事業，監督國家機關工作人員。《工會法》把這一憲法原則具體規定為工會的權利。這一權利透過以下途徑實現：

1.國家機關在組織起草或者修改直接涉及職工切身利益的法律、法規、規章時，應當聽取工會的意見。

2.縣級以上各級人民政府制定國民經濟和社會發展計劃，對涉及職工利益重大問題，應當聽取同級工會的意見。

3.縣級以上各級人民政府及其有關部門研究制定勞動就業、工資、勞動安全衛生、社會保險等涉及職工切身利益的政策、措施時，應當吸收同級工會參加研究，聽取工會意見。

4.縣級以上地方各級人民政府可以召開會議或者採取適當方式，向同級工會通會通報政府的重要工作部署和與工會工作有關的行政措施，研究解決工會反應的職工群眾的意見和要求。

（二）對執行勞動法的監督權

《勞動法》第八十八條規定："各級工會依法維護勞動者的合法權益，對用人單位遵守勞動法律、法規的情況進行監督。"《工會法》第三章對作了如下的具體規定：

1.企業、事業單位違反勞動法律、法規，侵犯職工合法權益，工會有權要求企業、事業單位行政方面或者有關部門認真處理。

2.企業、事業單位違反國家有關勞動時間的規定，工會有權要求企業、事業單位行政方面予以糾正。

3.工會發現企業行政違章指揮、強令工人冒險作業，或者生產過程中發現明顯事故隱患和職業危害，有權提出解決的建議，有權向企業行政方面建議組織職工撤離危險現場，企業行政方面必須及時做出處理決定。

4.企業、事業單位違反保護女職工特殊權益的法律、法規，工會及其女竹耕組織有權要求企業、事業單位行政方面予以糾正。

5.企業辭退、處分職工，工會認為不適當的，有權提出意見。

6.全民所有制和集體所有制企業在做出開除、除名職工的決定時，應當事先將理由通知工會，如果企業行政方面違反法律、法規和有關合同，工會有權要求重新研究處理。

7.工會參加企業的勞動爭議調解工作，地方勞動爭議仲裁組織應當有同級工會代表參加。

8.企業侵犯職工勞動權益的，工會可以提出意見調解處理；職工向人民法院起訴的，工會可以提出意見調解處理；職工向人民法院起訴的，工會應當給予支持和幫助。

9.工會有權參加傷亡事故和其他嚴重危害職工健康問題的調查，向有關部門提出處理意見，並有權要求追究直接負責的行政領導人和有關責任人員的責任。

（三）保障職工依法參與企業、事業單位民主管理的權利

職工參與企業、事業單位民主管理是牽涉國家政權的性質和勞動者政治民主權利實現的重要問題。根據《工會法》的規定，工會依照法律規定通過職工代表大會或者其他形式，組織職工參與本單位的民主決策、民主管理和民主監督。工會有監督企業、事業單位貫徹勞動法規的情況，監督企業、事業單位行政落實職工代表大會決議的情況，監督單位行政領導的工作作風、為政清廉的情況等。工會在民主監督方面的權利體現了現代生產力發展的客觀須要。

（四）幫助、指導職工與用人單位簽訂勞動合同和代表職工與企業簽訂集體合同的權利

勞動者的合法權益在很大程度上要通過勞動合同和集體合同來體現，勞動合同和集體合同是勞動關係的基礎。只有從基礎上關心勞動者的合法權益，才會有穩定合諧的勞動關係。為此，《勞動法》和《工會法》都作了相應的規定：

1.集體合同由工會代表職工與企業簽訂；沒有建立工會的企業，由職工代表與企業簽訂。

2.工會幫助、指導職工與企業以及實行企業化管理的事業單位簽訂勞動合同；工會代表職工與企業以及實行企業化管理的事業單位進行平等協商，簽定集體合同；集體合同草案應當提交職工代表大會或者全體職工討論通過。

　　爲了保障上述各項權利的實現，《工會法》還在工會組織、基層工會組織和工會的經費和財產專章中，規定從組織、經費、物質等方面切實保證工會充分地行使職權。

 # 工會的職責

（一）協助政府發展工作，鞏固人民民主專政的政權和支持企業行政的經營管理《工會法》規定，工會協助人民政府發展工作，維護工人階級領導的、以工農聯盟爲基礎的人民民主專政的社會主義國家政權。在社會主義的條件下，政府與工會在根本利益上是一致的，它們有著相同的階級基礎，肩負著相同的歷史使命，但是，它們又是性質不同的兩個組織，發揮著不可互相替代的作用。工會做爲工人階級的群眾，要帶領職工在國家政治、科學文化等方面建設中，支持政府、協助政府發展工作。工會在政治上支持政府，才能真止維護和發展工人階級的根本利益，才能成爲政府堅強的社會支柱。

《工會法》規定，工會要支持企業行政工作，工會與企業行政雙方應互相支援，互相合作。工會只有支援企業行政工作，才能真正發

揮廣大職工群眾的階級性和創造性。

（二）動員和組織職工參加經濟建設

《工會法》規定，工會應當動員職工以主人翁態度對待勞動，愛護國家和企業財產，遵守勞動紀律，發動和組織職工努力完成生產任務和工作任務；工會應當組織職工發展社會主義勞動競賽，發展群眾性的合理化建設、技術革新和技術作活動，提高勞動生產率和經濟效益，發展社會生產力；公會應當協助事業單位行政方面辦好職工集體福利事業，做好勞動工資、勞動保護和勞動保險工作。發展社會主義經濟、調高勞動生產力是工會的重要職責。

（三）教育職工提高思想政治絕物和文化技術素質

《工會法》規定，工會應當教育職工不斷提高思想道德、技術業務和科學文化素質，建設有理想、有道德、有文化、有紀律的職工隊伍。加強對職工的各種政治覺悟和文化技術素質教育，是加強工會自身建設、充分發揮工會職能的重要保證。

《工會法》第六條規定：「維護職工合法權益是工會的基本職責。工會在維護全國人民總體利益的同時，代表和維護職工的合法權益。」在社會主義國家，全國人民的總體利益和職工群眾的記體利益在根本上是一致的，但是，總體利益和具體利益之間也可能存在矛盾。廣大職工群眾是需要通過工會表達和維護自己的具體利益，黨和政府也需要公會經常反映廣大職工群眾的意見和要求，以便更好地改進工作。

▶ 外資企業沒有組工會，企業是否違法呢？

　　根據企業所在地區的《外商投資企業工會條例》中規定：「外商投資企業在開業半年內應當依法組工會。」但這裡並不是說企業內沒有組工會，就是企業違法，其理由如下：

1.組建工會是職工自己的事情，不是企業的義務。

　　工會是職工自願結合的工人階級的群眾組織，是會員和職工利益的代表。工會應該按照《中華人民共和國工會法》和《中國工會章程》獨立自主地發展工作，依法行使權利和履行義務，不受企業的控制和擺佈（包括工會的組建工作）。

2.基層工會要受上級工會和同級黨委的領導，而不受企業的領導。

　　根據《基層工會工作暫行條例》第四條規定：「基層工會在上級工會和同級黨委的領導下，根據工會組織的特點和廣大職工的意願，積極主動、獨立負責的發展工作。」可見，企業的基層工會是受上級工會和同級黨委的領導，而不受企業的領導。因此，建工會的責任就不應該落在企業身上。

3.上級工會要幫助和指導外商投資企業籌建工會。

　　《中華民國總工會關於加快外商投資企業工會組建步伐和加強工會工作的意見》中規定：「上級工會有權派員到企業宣傳《工會法

》及國家有關法律、法規，幫助職工組建工會。……上級工會按照《工會法》和《中國工會章程》，指導和幫助外商投資企業籌建工會。一般可由上級工會」與有關方面協調成立籌備組，發展會員，召開會員代表大會。……獨資企業的工會主席人選，可由上級工會推薦。

綜上所述，當地《外商投資企業工會條例》中所設定的「外商投資企業在開業半年內應當依法組建工會」的法律義務，應該是針對企業職工和上級工會而言的，並不是給企業設定的義務。所以企業內沒有組建基層工會，不能說是企業違法。

案例1 工會在安全生產中的建議權

【案情】

某合金製品廠產品旺銷，供不應求。最近，又接了一批緊急訂單。

產品加工的最後工序是表面噴漆，可是噴漆工作臺不夠，再加上天氣熱、空氣濕度大，漆乾得很慢，眼看這道工序就要影響整個工作任務的完成。廠長急的就想說露天噴漆吧，但是違反環保規定，不敢冒這個風險。交貨日期一天天接近了，廠長來到廠房跟供人們商量說，要不我們臨時找個地方吧，廠裡的生存要靠你們吃苦啊。

原來廠裡有一座倉庫，可以在裡頭進行噴漆作業。那裡房屋低矮，沒有窗戶，不具備通風條件。職工都知道做這個活的苦處，可以以廠為家嘛，為了廠裡利益，先做吧！於是工人們都沒說什麼，輪班來到這裡工作。

開始大家還能忍受，兩天後就不是那麼回事了。大部分工人感到噁心，體力不支，渾身冒虛汗，有人竟然暈倒在作業現場，一些工人嘔吐不止。廠工會主席得知此事後，立即對廠方這種強令在嚴重影響身體健康的環境下勞動的作法提出了質疑，同時建議企業盡快組織所在場工人撤離現場，並送往醫院進行檢查。

到了醫院一看，其中有11名工人員工都因吸入大量有機溶劑造成及性苯中毒，後經治療後脫離危險。

【評析】

這個案例沒有造成極其重大後果的主因是，工會主席在發現企業違章指揮、強令員工冒險作業的情況後，及時提出解決方案，並組織所在場工人撤離現場。

《工會法》第24條規定：工會發現企業違章指揮、強令工人冒險作業，或者生產過程中發現明顯重大事故隱患和職業危害，有權提出解決的建議，企業應當及時研究答覆；發現危急職工生命安全的情況時，工會有權向企業建議組織職工撤離危險現場，企業必須及時做出處理決定。這一條款是對工作在安全生產中提出建議權利的規定，他體現了下列兩層思想：

（1）工會發現企業行政方面違章指揮，強令工人冒險作業，或者生產過程中發現明顯重大事故隱患和職業危害，有權提出解令，採取有利措施消除生產過程中存在的明顯事故隱患和職業危害，以確保職工的生命健康。企業方面應當及時研究工會的意見，不得推諉，並將處理結果通知工會。

（2）工會在生產過程中發現危急職工生命安全的情況時，有權向現場指揮人員建議將職工撤離即將發生重大事故的危險現場。企業或

現場指揮人員應及時研究工會的建議，果斷地做出處理決定，避免傷亡事故的發生。這裡需要說明的是，《工會法》對解決企業行政方面的違章指揮，對職工撤離即將發生重大事故的危險現場，規定的都是向企業行政方面提出「建議」，而不是去直接制止或組織撤離。這是因為，按照《企業法》、《公司法》的有關規定，企業、公司的生產經營管理權是廠長、經理的職責，同時保障安全生產也是廠長、經理的職責。涉及生產的指揮和組織問題，應當由企業、公司行政決定。工會為了維持職工的生命和健康，有權提出解決問題的建議權，企業行政方面應當及時研究、答覆工會的建議。工會的建議權，與企業、公司的經營管理目標是一致的。因為如果發生了事故，不僅會造成職工生命和健康的損害，而且也會給企業造成損失。工會行使這一權利，防患於未來，不僅保障了職工的生命安全，而且也保護了企業的權利不受損害，有利於維護企業行政的指揮權威，提高職工安全生產的自覺性。

案例2 非法解雇工會幹部的法律責任

【案情】

孟某是一位工程師因為人正直、誠實、辦事公道且嚴予律己的表現，被員工們一致推薦為公司的工會主席。

今年年初，5名新入職的農民工找到了工會孟主席，反映公司發給的工資低於當地政府規定的最工資，違反了勞動法，請求孟主席以工會的名義出面找公司交涉，維護員工合法利益。孟主席得知此事後，反覆與公司老闆進行交涉，建議公司及時糾正違法行為，將

農民工的工資調整到最低工資以上。

公司老闆不但對工會的意見始終置之不理，還對孟主席心懷不滿還揚言，如果孟主席在替員工說話，就要辭退他。孟主席對此沒有畏懼，支持五名農民工提起了勞動爭議仲裁獲得了勝訴。公司敗訴後，老闆非常生氣地以孟主席為維護職工利益，損害了公司利益為理由，單方解除了與孟主席訂立的勞動合同。孟主席對公司的解聘決定不服，將此事反映到勞動行政部門，並對公司提出賠償的請求。

勞動行政部門經調查後確認，公司解聘孟主席的作法是錯誤的，並責令公司向孟主席支付相當於其本人年收入2倍的賠償。公司老闆十分不解向勞動行政部門的官員詢問：孟某在我單位工作不足5年，為什麼要公司賠償他相當於2年（24個月）的工資？你們這種決定有法律依據嗎？

【評析】

勞動行政部門責任公司向孟某支付相當於本人年收入2倍的賠償決定是正確的，其理由如下：

工會的一切工作離不開工會幹部。工會大量的工作是通過工會幹部辛勤勞動來完成的。工會幹部，特別是基層工會幹部在履行職責中，為完成工會的任務，為維護職工的合法利益，必須要與企業、事業單位行政方面就各種正義或者矛盾進行交涉、協商，特別是對企業、事業單位克扣職工工資、不提供勞動安全衛生條件、隨意延長勞動時間等嚴重侵犯職工勞動權益的，工會幹部有責任代表職工與企業、事業單位交涉，要求企業、事業單位採取措施於以改正。這樣就使得工會主席、副主席等基層工會幹部處在矛盾的焦點上

，因此而遭到打擊報復的情況時有發生。在實踐中，有的工會幹部因履行職責而被調離、撤職，有的被扣發工資，有的被解除勞動合同。維護職工合法權益是工會的基本職責，為了更好地保障工會幹部旅行好維護職工合法權益的職能，法律有必要保護好維權者---工會幹部，使他們能夠大膽工作，解除他們的後顧之憂，為他們履行靠職責保駕護航。為此《工會法》第18條明確規定：「基層工會專職主席、副主席或者委員自任職之日起，其勞動合同期限自動延長，延長期限相當於其任職期間；非專職主席、副主席或者委員自任職之日起，其尚未履行的勞動合同期限短於任期的，勞動合同自動延長至任期屆滿。但是，任職期間個人嚴重過失或者達到法令退休年齡的除外。」對違反此條例規定，擅自解除工會工作人員勞動合同的，要依法承擔相應的法律責任。《工會法》第32條中對要承擔的法律責任作出了規定：「工會工作人員因履行本法規定的職責而被解除勞動合同的，由勞動行政部門責令恢復其工作，並補發被解除勞動合同期間應得的報酬，或者責令給於本人年收入2倍的補償金。」換句話說，違反企業應承擔下面兩個法律責任：

（1）由勞動行政部門責令恢復其工作，並補發被解除勞動合同期間應得的報酬。

勞動行政部門是勞動工作的行政主管機關。國務院勞動行政部門主管全國勞動工作，縣級以上地方人民政府勞動行政部門主管本行政區域內的勞動工作。因此，監督勞動法律、法規的實施，成為各級勞動行政部門的權限和職責。《勞動法》第85條規定：「縣級以上各級人民政府勞動行政部門依法對用人單位遵守勞動法律、法規的情況進行監督檢查，對違反勞動法律、法規的行為有權制止，並責令改正。」勞動行政部門監督檢查勞動法律、法規得遵守和執

行情況的具體內容有很多，其中，用人單位勞動合同的訂立和履行
情況是一項很重要的內容，因為勞動合同是保障勞動者實現勞動權
的法律形式。勞動者與用人單位簽訂勞動合同，就意味著勞動權的
實現，勞動者在期限內獲得了有保障的工作，用人單位不能無故辭
退勞動者，這就切實保證勞動者享有勞動的權利。

（2）責令給予本人年收入2倍的賠償

　　如果職工在被解除勞動合同期間又找到了其他工作，或者本人
不願意再回到原來的用人單位工作在徵得職工本人同意的情況下，
勞動行政部門可以通過責任用人單位給予職工本人在本企業所得年
收入的兩倍的賠償的方式，來補償職工由於被解除勞動合同所受到
的損失，維護其合法權益。這裡規定的「給予本人年收入2倍的賠
償」是一種違約的民事法律責任。違約責任是指當事人違反勞動合
同應該承擔的法律責任。違約責任是合同制度的核心。他具有以下
特徵：

（一）、違約責任一種財產責任。法律一般只強制違約者用其財產來
彌補因違約對方所造成的損失。雖然這種彌補性有時帶有懲罰性，
但他與刑事責任中帶有人事懲罰性質的罰金、沒收財產是根本不同
的，他僅限於財產責任，是違約者對造成他人損害所必須要承擔的
一種義務，而不是對違約者的人身懲罰。

（二）、違約責任存在合同當事人之中。違約責任是合同一方當事人
因違反合同而產生的民事責任，沒有合同關係，就不可能產生違約
責任問題。用人單位與職工是存在著勞動合同關係的，雖然勞動合
同與一般的民事合同有所區別，但從大的方面來講，他是一種合同
，也是遵循平等自願的原則簽定的，所以用人單位非法單方面解除
職工的勞動合同，也是一種違反合同的違約行為，因而要承擔相應

的違約賠償責任。

（三）、違約責任基於法律的規定或當事人的約定而產生。用人單位與勞動者之間的勞動合同一經簽訂，即產生法律效力，當事人必須履行合同規定的義務，這是勞動法明文規定的，即使在勞動合同中沒有規定違約責任條款，違約方也要承擔違約責任。當然違約責任也可依當事人的約定而產生。當事人約定的違約責任，常常是基於法律規定而產生的違約責任的重要補充。違約責任的行是從違約一方說，是違約後將要受到某種法律制裁；從受害一方說，是違約出現後可能得到的法律救濟方式。違約責任的形式有兩種：

（一）、違約金。違約金是當事人一方不履行合同時依法律規定或合同約定向對方支付一定數額的金錢，用以制裁違約當事人和救濟受害一方的主要方式之一，違約金帶有一定的懲罰性。《工會法》規定的「給予年收入2倍的賠償」，即帶有懲罰性質的，因而是屬於違約金這一形式的違約責任。

（二）、賠償損失。賠償損失，是指違約方不履行合同給對方造成損失時，依法承擔的賠償責任。他是違約出現後受害一方可能得到的最重要的法律救濟方式，往往以賠償金的方式出現。賠償金和違約金不同，前者只具有補償性的一面，受害一方只能在遭受的實際損失範圍內提出賠償要求；而後者是一種以懲罰為主兼有補償性的制裁方式。

在法律上，違約責任的構成要件為：

（一）、當事人要有違約行為，這是違約責任的客觀要件。用人單位因職工參加工會活動，或工會幹部履行職責而非法解除她們的勞動合同，是一種違約行為。

（二）、違約方主觀上有過錯，這是違約責任的主觀要件。法律追究當事人的違約責任，除了看其客觀是否有違約行為外，還要看主觀上是否有過錯。用人單位違反法律規定，解除勞動者的勞動合同，主觀上顯然是有過錯的，這是違約責任的主觀要件。法律追究當事人的違約責任，除了看其客觀是否有違約行為外，還要看主觀上是否有過錯。用人單位違反法律規定，解除勞動者的勞動合同，主觀上顯然是有過錯的，所以應當承擔違約責任。只有具備上兩個要件，無論受害的勞動者一方是否因用人單位解除勞動合同的行為而受到了損失，用人單位都應當承擔法律規定的違約責任。

　　勞動行政部門在處理有關企業、事業等用人單位違反本條規定的案件時，應助要以下幾點：（一）本條所規定的兩種法律責任是一種「或者」的選擇關係，而非「和」的並列關係。（二）「責令恢復其工作，並補發被解除勞動合同期間應得的報酬」與「責任給予本人年收入2倍的賠償」的法律責任，應爭求被解除勞動合同的當事職工的意見，如果職工本人還願意回原企業工作，勞動行政部門應責令用人單位給予職工本人年收入2倍的賠償。（三）是「責令給予本人年收入2倍的賠償」中的「年收入」是指職工本人在被解除勞動合同的原單位的年收入，包括工資、獎金等用人單位發的各種報酬，不包括職工本人在單位外部所獲得的其他收入，如股票、存款利息、房產出租等收入。（四）是被解除勞動合同的職工或工會幹部，除了可以提請勞動行政部門依法處理外，還可以依據《勞動法》《工會法》的規定，向勞動仲裁機構申請勞動爭議仲裁，對仲裁機構不予受理或對仲裁決定不服的，可以向人民法院提起訴訟。綜上可以看出，案例中勞動行政部門的決定是正確的。公司應該向孟某支付相當於其本人年收入2倍的賠償。

西進大陸
不冒險

10
勞動監督檢查 》》

勞動監督檢查概念

　　勞動監督檢查，是指國家授權的監督檢查機關、政府有關部門、各級工作組織等，為了實現行政管理職能和法律賦予的權力，維護正常的法律秩序，對用人單位和勞動服務主體執行勞動法的情況進行監督檢查或懲戒的活動。

可從以下幾點來瞭解勞動監督檢查的含意：

（一）監督檢查主體是依法享有勞動監督權的監督檢查機關、政府有關部門、各級工會組織等。其中，勞動行政部門和工會組織在勞動監督體制中的地位尤為重要。

（二）監督檢查的目的是實現勞動法的主旨，即保護勞動者的合法權益。

（三）監督檢查客體是用人單位和勞動服務主體遵守勞動法律、法規的行為，即用人行為和勞動服務行為。這是因為勞動法賦予勞動者權益對應體現勞為勞動法為用人單位和勞動服務主體設定的義務，對用人單位和勞動服務主體遵守勞動法的行為進行監督，才能確保勞動者合法權益的實現。

（四）監督檢查方式表現為依法行使監督權的各項措施，其中主要為：對遵守勞動法的情況進行檢查，對檢查中發現的違法勞動法的行為及時制止和糾正，依法追究違法行為的法律責任等。

　　勞動監督檢查作為一項勞動法律制度，主要表現在：

（一）其他各項勞動法律制度主要是規定勞動關係的內容和運行規

則，而勞動監督檢查制度所規定的主要是如何以監督手段實施勞動關係的內容和保證勞動關係的正常運行。

（二）其他各項勞動法律制度是實施勞動監督檢查時確定勞動監督檢查客體合法與否以及對違法情況進行處理的法律依據，勞動監督檢查制度則是實施勞動監督檢查的行為規則；

（三）勞動監督檢查制度既獨立於其他各項勞動法律制度之外，同時又是其他各項勞動法律制度的必要組成部分。可見，勞動監督檢查制度具有保障整個勞動法體系全面實施的功能。

勞動監督檢查意義和目的

對勞動法執行情況進行監督檢查是勞動法的重要組成部分，也是確保勞動法律、法規得以貫徹實施，保障勞動關係當事人合法權益得以實現的重要措施。實踐證明，健全勞動法制，加強勞動立法，做到有法可依，這是法制建設的先決條件。

勞動法的監督檢查制度，對保證各項勞動法律、法規的正確實施具有重要意義。首先，增強勞動法執行的監督檢查，有利於維護勞動者的合法權益，改善勞動者的生活福利，預防、減少工傷事故和職業疾病，保護勞動者在生產勞動中的生命安全和健康。

其次，加強勞動法執行的監督檢查，有利於預防、減少勞動爭議，增強企業的凝聚力，穩定職工的生活和生產秩序，建立和諧的勞動關係，促進企業生產經營活動的正常進行和經濟效益的提高。

再次，加強勞動法執行的監督檢查，有利於增加用人單位的勞

動法制觀念，認真貫徹執行勞動法律、法規，實現依法管理勞動關係，保障勞動者真正享有權利和履行義務。同時，透過監督檢查可以促進行政領導人員、企業管理人員增強勞動法制觀念，認真執法，避免和減少用人單位與企業職工的勞動糾紛和生產事故。

最後，加強勞動法執行的監督檢查，有利於促進和完善勞動立法工作。通過貫徹執行勞動法律、法規，結合實踐中存在的新問題調查研究，及時修正與社會主義市場經濟不配套的勞動法律規定，不斷總結新的勞動機制的成功經驗，完善勞動立法，建立一套有特色的勞動法律體系。

制定《條例》的主要目的：一是更好地貫徹實施勞動保障法律、法規和規章。以立法的形式強化勞動保障監察執法手段，加大執法力度，嚴厲打擊和制止違反勞動和社會保障法律、法規或者規章行為，保證勞動保障法律、法規和規章更好地貫徹實施。二是進一步規範勞動保障監察執法行為，通過法規形式，加強對勞動保障監察執法行為的規範，以便有效解決實際工作中存在的監察對象和事項不夠明確，監察機構及人員的職責範圍和權限不夠具體，監察程式不夠規範，行政處罰缺乏具體標準等問題，推進勞動保障部門依法行政，樹立公正執法，文明執法的良好社會形象。三是通過對勞動保障方面違法行為的制裁，確實維護廣大勞動者的工資、勞動合同、休息休假、社會保險等勞動保障權益，維護社會穩定。

三 勞動監督檢查立法概況

　　1950年政務院財經委員會發布的《關於各省、市人民政府勞動局與當地國營企業工作關係的決定》中規定，勞動局有監督檢查國營企業內有關勞動保護、勞動保險、工資待遇、集體合同、文化教育的勞動政策法令的執行。在立法實踐中，一直把重點放在勞動安全監察上，相繼制訂了《礦山安全監察條例》、《鍋爐壓力容器安全監察暫行條例》，及其《實施細則》等項法規，初步形成了一套較完整的勞動安全監察制度，而其他方面的勞動監察立法則相對薄弱。

　　為建立和維護適應社會主義市場經濟體制的勞動保障制度，於1993年開始制訂了《勞動監察規定》，建立勞動監察制度。1994年勞動法的頒布實施，進一步推進了勞動保障監察工作的開展。為了切實貫徹執行勞動法，原勞動部制訂了《勞動監察員管理辦法》等法規。多年的實踐証明，勞動保障監察對貫徹實施勞動保障法律、法規，規範勞動力市場秩序，規範企業用工行為，維護廣大勞動者合法權益，維護社會穩定，發揮了重要作用。但是，由於當前大陸勞動力市場嚴重供過於求，一些用人單位片面追求經濟利益，侵犯勞動者合法權益的現象時有發生，在一些地區甚至相當嚴重。為加大勞動保障監察執法力度，進一步系統規範勞動保障監察工作，保証勞動保障法律、法規和規章的貫徹實施，切實維護勞動者合法權益，2004年11月1日國務院頒布了《勞動保障監察條例》，進一步完善了我國大陸勞動保障監察制度。

四 勞動監督檢查機構的設立和職權

（一）勞動監督檢查機構的設立

國務院勞動保障行政部門主管全國的勞動保障監察工作。縣級以上地方人民政府勞動保障行政部門主管本行政區域內的勞動保障監察工作。縣級、設區的市級人民政府勞動保障行政部門可以委託符合監察執法條件的組織具體實施勞動保障監察工作。

（二）勞動監督檢查機構的職權

勞動行政部門監督檢查的職權主要有兩個方面：一是負責對勞動就業、職工工資、社會保險、職工福利、職業技能開發及法律、法規定的實施進行監督檢查；二是由勞動部門內設置的專門勞動保障監察機構對勞動保障方面的法律、法規實施情況進行監督檢查。

根據《勞動保障監察條例》第十條規定勞動保障行政部門實施勞動保障監察，履行下列職責：

1.宣傳勞動保障法律、法規和規章，督促用人單位貫徹執行；

2.檢查用人單位遵守勞動保障法律、法規和規章的情況；

3.受理對違反勞動保障法律、法規或者規章的行為的舉報、投訴；

4.依法糾正和查處違反勞動保障法律、法規或者規章的行為。

同時，同法第十一條規定勞動保障行政部門對下列事項實施勞動保障監察：

1.用人單位制定內部勞動保障規章制度的情況；

2.用人單位與勞動者訂立勞動合同的情況；

3.用人單位遵守禁止使用童工規定的情況；

4.用人單位遵守女職工和未成年工特殊勞動保護規定的情況；

5.用人單位遵守工作時間和休息休假規定的情況；

6.用人單位支付勞動者工資和執行最低工資標準的情況；

7.用人單位參加各項社會保險和繳納社會保險費的情況；

8.職業介紹機構、職業技能培訓機構和職業技能考核鑒定機構遵守國家有關職業介紹、職業技能培訓和職業技能考核鑒定的規定的情況；

9.法律、法規規定的其他勞動保障監察事項。

 ## 勞動監督檢查人員的任職條件和認命程式

（一）勞動監督檢查人員的任職條件

凡擔任勞動監察員者，必須具備法定任職條件。《勞動監察員管理辦法》規定，勞動監察員應具備的任職條件是：

1.認真貫徹執行國家法律、法規和政策；

2.熟悉勞動業務，熟練掌握和運用勞動法律、法規知識；

3.堅持原則，作風正派，勤政廉潔；

4.在勞動行政部門從事勞動行政業務工作三年以上，並經國務院勞動行政部門或省級勞動行政部門勞動監察專業培訓合格。

對於特殊行業的勞動監察員，有關法規對於其任職條件作了相應的規定。如《礦山安全監察員管理辦法》中規定礦山安全監察員的任職條件：

1.熟悉礦山安全技術知識和礦山安全法律、法規及礦山安全規程、礦山安全技術規範；

2.身體健康，能勝任礦山井下檢查工作；

3.具有中等以上採礦工程專業或者相關專業學歷和二年以上礦山現場工作經歷；

4.具備擔任助理工程師以上的專業技術水準和條件，並有一年以上礦山安全監察工作經歷。

（二）勞動監督檢查人員的任命程式

　　勞動行政部門專職勞動監察員的任命，由勞動監察機構負責提出任命建議並填寫中華人民共和國勞動監察員審批表，經同級人事管理機構審核，報勞動行政部門領導批准，兼職勞動監察員的任命，由有關業務工作機構按規定推薦人選，並填寫中華人民共和國勞動監察員審批表，經同級勞動監察機構和人事管理機構進行審核，報勞動行政部門領導批准。經批准任命的勞動監察員由勞動監察機構辦理頒發中華人民共和國勞動監察證件手續。

　　勞動監察員任命後，地方各級勞動行政部門按照規定填寫《中華人民共和國勞動監察證件統計表》，逐級上報省級勞動行政部門，由省級勞動行政部門匯總並報國務院勞動行政部門備案。

六 勞動監督檢查管轄

　　關於勞動行政部門的監督檢查管轄權，《監察條例》作了如下規定：

（一）地域管轄

地域管轄，是指同級勞動保障行政部門在行使勞動保障監察權上的分工。根據規定，對用人單位的勞動保障監察，由用人單位用工所在地的縣級或者設區的市級勞動保障行政部門管轄。這一規定表明，首先，勞動保障監察主要由縣級、設區的市級勞動保障行政部門管轄。縣級和設區的市級勞動保障行政部門與用人單位和勞動者聯繫最為直接、廣泛，能夠充分發揮其情況熟、地域熟、時效強的特點。

其次，由用人單位用工所在地的勞動保障行政部門實施監察管轄。這樣規定既便於勞動保障行政部門對用人單位的日常檢查和監察管理以及對違法行為調查取證，還可以節省勞動保障行政部門的人力、物力、財力，提高行政執法工作效率；同時，也方便勞動者對違反勞動保障法律、法規或者規章的行為的舉報、投訴。

（二）級別管轄

級別管轄，是指不同級勞動保障行政部在行使勞動保障監察權上的分工。

《監察條例》規定，上級勞動保障行政部門根據工作需要可以調查處理下級勞動保障行政部門管轄的案件。

（三）指定管轄

指定管轄，是指在對勞動保障監察管轄發生爭議時，由上一級勞動保障部門指定某個下級勞動保障行政部門管轄。在監察執法實踐中，可能會出現兩個勞動保障行政部門都認為其有管轄權而產生爭議的情況。為了妥善處理這種管轄權爭議，《監察條例》規定勞動保障行政部門對勞動保障監察管轄發生爭議的，報請共同的上一

級勞動保障行政部門指定管轄。

 七 勞動監督檢查的方式跟措施

（一）勞動監督的檢查方式

在實踐中，勞動行政監督檢查的工作方式主要有五種：

1.經常性地進行監督檢查。對用人單位尊守勞動法的情況進行監督檢查，是勞動行政部門的職責，要保障勞動法律規範準確、有效地實施，監督檢查工作必須做到經常化、制度化。有關工作人員應該經常到企業去檢查、發現問題，以便及時處理。

2.集中力量進行突擊性檢查。在某一時期，某些用人單位貫徹執行勞動法普遍存在某種嚴重的問題，迫切需要改變這種狀況，便可以組織力量進行突擊情檢查，利用強大的聲勢及時解決問題。

3.對重點單位進行監督檢查。用人單位發生了傷亡事故或者有關組織、勞動者檢舉、控告有違反勞動法行為的單位或個人，即應組織力量對該用人單位進行調查，及時作出處理。

4.實行年檢。應接受檢查的單位每年要定期攜帶有關資料到勞動行政監督機構接受檢查。

5.聯合有關部門發展集中大檢查。

　　上述五種方式各有特點，應根據不同情況配合運用，使勞動監督檢查工作既靈活多樣，又紮紮實實地發展。

（二）勞動監督檢查的措施

　　《監察條例》規定，勞動保障行政部門在實施勞動保障監察時有

權採取以下措施：

1.進入用人單位的勞動場所進行檢查。

2.就調查、檢查事項詢問有關人員。

3.要求用人單位提供與調查、檢查事項相關的檔資料,並作出解釋和說明,必要時可以發出調查詢問卷。

4.採取記錄、錄音、錄影、照相或者複製等方式收集有關情況和資料。

5.委託會計師事務所對用人單位工資支付、繳納社會保險費的情況進行審計。

6.法律、法規規定可以由勞動保障行政部門採取的其他調查、檢查措施。

　　勞動保障行政部門對事實清楚、証據確鑿、可以當場處理的違反勞動保障法律、法規或者規章的行為有權當場予以糾正。

　　勞動監督檢查機構及其工作人員在執行公務時，必須嚴格依法辦事；

1.勞動監督檢查人員進行調查、檢查活動時不得少於2人，並應當出示相關証件。

2.遵守有關法律、法規和規章，秉公執法，不徇私情。

3.進入生產場所進行實地檢查時，應遵守相關的生產紀律和規章制度。

4.替被檢查的單位和個人保守秘密。對於在檢查中知道的商業和技術秘密不得外傳。

5.為檢舉和舉報人員保密。對檢舉、舉報人員反映的不宜公開的問題和被詢問人的姓名等有關情況，要嚴守秘密。對違反上述規定事項者，應依法追究其法律責任。

八 勞動監督檢查機構的處罰權

　　勞動法規定了勞動監督檢查的處罰權，縣級以上各級人民政府勞動行政主管部門對於違反勞動法律、法規的行為有權制止和糾正，並依法給予有關當事人行政處罰。

　　依照法律規定，勞動監督檢查機構對違法行為的處罰措施主要有以下幾種：

1.警告、通報批評。這是給予違反勞動法律規範的行為人一種精神上的譴責和警戒的處罰方式，適用於情節顯著輕微、並未造成實際後果的行為人。

2.責令立即糾正。這種方式主要適用於有嚴重危險事故隱患的單位和其他可以及時糾正的違法行為。

3.責令停產停業。這是對行為人從事某種行為的權利的剝奪。當行為人違反了勞動法律規範，經批評或在指定的限期內不改正的，勞動行政部門有權責令其停產停業。

4.罰款。這是強制行為人在一定期限內向國家繳納一定數量貨幣的處罰形式，是具有經濟制裁性質的行政處罰。這種形式在勞動行政處罰中運用廣泛。

5.吊銷許可証。這是勞動行政部門對公民、法人或其他組織從事某種行為的權利的剝奪。當公民、法人或其他組織違反勞動法律規範，不再具備持有許可証的條件時，勞動行政部門可以予以吊銷。在中國的勞動監督檢查中，吊銷許可証是一種重要的執法行為，涉及

勞動就業、勞動力管理、職業介紹、職業培訓、勞動保護等方面。

 # 工會組織的監督檢查

工會是企業職工代表大會的工作機構，參與對執行勞動法律、法規情況的監督檢查。工作的監督檢查屬於群眾性監督檢查，是依法維護職工權益的重要表現。

工會對勞動法執行情況進行監督，是中國特色的一項勞動監督檢查制度。《勞動法》第八十八條第一款規定：各級工會依法維護勞動者的合法權益，對用人單位遵守勞動法律、法規的情況進行監督。對用人單位遵守勞動法律、法規的情況進行監督既是《勞動法》賦予工會組織的神聖權力，也是工會工作的職責。1995年8月17日，中華全國總工會發布了《工會勞動法律監督試行辦法》，對工會勞動法律監督工作的原則、權利、監督內容、機構設置、監督員條件及任命、監督工作方式等內容進行了詳細規定。2001年重新修正的《工會法》第三章「工會權利和義務」，對工會對用人單位執行勞動法律、法規的情況進行監督作出了明確規定。工會在進行勞動法執行情況監督時，依法享有以下權利：

1.知情權。工會具有瞭解用人單位執行勞動法律、法規情況的權利。

2.獨立調查權。工會有權進行現場調查，瞭解情況並收集資料，聽取各方面意見。

3.建議權。對於違反勞動法律、法規的用人單位，對職工權益造成

損害的，工會雖沒有直接的行政處罰權，但有向相關部門建議處罰的建議權。

4.建議組織職工撤離危險現場的權利。工會在執行勞動法律、法規監督檢查時，發現用人單位違章指揮、強令勞動者冒險作業，或者在生產過程中發現明顯的重大事故隱患和職業危害，有權向用人單位提出建議，當發現危及職工生命安全的情況時，有權組織勞動者撤離現場。

5.參與事故調查。並向有關部門提出處理意見的權利。

6.運用與論監督的權利等。

　　中國法律賦予工會勞動監督檢查權具有重要意義。工會的監督檢查可以促使行政部門自覺貫徹執行國家勞動法律、法規和政策，及時制止和糾正違法行為，預防和避免勞動爭議發生。工會參與勞動法的監督檢查工作，不僅是職工切身利益的要求，而且是國家法律賦予工會的一項職責，所以，工會在監督檢查勞動法的執行中處於很重要的地位。

熱 · 點 · 評 · 説

▶ 勞動保障監察執法難點與對策

勞動保障監察執法是勞動保障行政部門依據《勞動法》、《勞動保

障監察條例》等相關法律、法規對用人單位違背勞動保障法律、法規行為進行監督、檢查和依法查處的行政執法行為。它是維護勞動關係雙方合法權益、保持社會和諧穩定的重要手段。近幾年來，隨著社會主義市場經濟的建立和發展，勞動保障監察執法工作面臨著許多困難問題，一些問題甚至還相當突出，並帶有普遍性，在很大程度上制約了勞動保障監察執法工作的順利開展。

（一）勞動保障監察執法難點

1、缺乏社會的廣泛認同，是影響勞動保障監察執法工作的關鍵

　　勞動保障監察執法難是當前勞動保障監察工作存在的普遍問題，究其原因是勞動保障監察執法工作缺乏社會廣泛認同。勞動保障監察執法的本質是保護企業和勞動者雙方的合法權益，但在大陸現實實際中企業與勞動者利益是不同的，企業的目的是營利，而勞動者的目的是生存，在規避風險方面，雙方存在非常大的不平等，很多情況下，勞動者所面臨的風險要遠大於企業，規避風險的能力又遠低於企業，與此同時，我國人口多、勞動力資源豐富、就業矛盾也是十分突出，因此，企業侵犯勞動者合法權益便成為當前的突出問題。這樣，在勞動保障監察執法和企業的經濟發展和社會穩定就產生了矛盾，不論是各級政府還是社會群眾，從心理上還是從實踐上都是將維護社會穩定放在首要地位，而將勞動保障監察執法工作放在次要地位。這種缺乏社會廣泛認同的觀點，必然影響到勞動保障監察執法工作的開展。

2、勞動保障監察物件對勞動保障監察執法抵觸情緒大

　　目前，大部分企業尤其是非公有制企業只顧生產和經濟效益，不重視企業應盡的社會責任，對國家勞動保障法規政策置之不理，

存在短期行為，將追求利潤的最大化放在第一位，不依法簽訂勞動合同，不願為職工繳納社會保險，致使侵害勞動者的合法權益行為時有發生。勞動保障監察物件普遍具有法不責眾的心理，對勞動保障監察執法抵觸情緒強烈，往往對勞動保障監察執法事項或置之不理，或到處找關係寄人說情，或威脅撤資停辦企業，對勞動保障監察執法人員不予積極配合，使勞動保障監察執法工作常常處於尷尬局面。

3、勞動保障監察執法缺少強制措施

　　　勞動保障監察執法主要法律依據是國務院2004年頒佈實施的《勞動保障監察條例》，《勞動保障監察條例》雖然為勞動監察執法提供了有效的依據，但力度、強度還不能適應現在變化中的勞動環境，其執法力度和強度遠遠不能與公檢法等部門相提並論，即使與工商、稅務、城建、國土、林業等部門監察執法相比也還相差很大。勞動監察執法中，沒有查封物品，凍結帳戶，沒收違法所得，追究當事人法律責任等強制措施。對拖欠工資、欠繳養老保險費等現象，勞動部門只能處罰，對企業負責人死拖硬賴就是不還工錢，不繳保險，有的轉移隱匿財產，逃避處罰，只能申請人民法院強制執行，由於申請法院執行程式複雜、執行期過長，且在企業普遍都存在違法行為的情況下，勞動保障行政部門不可能一一申請人民法院強制執行，勞動保障監察的行政處罰只能是一紙空文，而勞動者贏的有可能只是一場空頭官司，長此下去客觀上縱容了企業違法。

4、勞動者自我維權意識不強。

　　　從我國大陸的勞動力市場現狀來看，勞動力市場是資本市場，在經濟比較落後的地區來說，勞動力市場更是供大於求，面對目前

就業難的形勢，大部分勞動者為了維持生活，儘管企業用工部分違背了勞動保障政策條款，勞動者也只能做出無奈的選擇，對用人單位的不合理條件只能忍氣吞聲，認為找到工作不容易，放棄自己應有的權益，對用人單位不簽訂勞動合同，不繳納保險費，收取風險抵押金，延長工作時間，增大勞動強度能忍則忍，在出現拖欠工資時還不知道向老闆索取收據。有的勞動者文化程度低，根本沒有自我保護意識，甚至不知道老闆的姓名，連自己給誰工作都不知道。還有的勞動者連自己的合法權益受到侵犯時都不知道，就是知道老闆欺騙也不知道怎麼辦。更多的勞動者不注重收集書面證據資料，往往只是憑自己的蠻道理討要自己的權益，而作為勞動監察執法部門必須注重書面證據資料來維護勞動者的合法權益。更有一些勞動者為了自身的生存利益，不敢得罪企業老闆，不出據證據資料或出據虛假證據資料，為勞動保障監察執法人為製造了障礙。

5、勞動保障監察執法管轄許可權重疊

　　勞動保障監察執法管轄許可權存在重疊現象。例如：根據《陝西省勞動監察條例》第十六條規定，省、市、縣勞動保障行政部門負責負責對在同級工商行政、機構編制、民政部門註冊登記的用人單位實施勞動監察。對縣城內的中、省、地屬企業縣級勞動保障監察部門無權檢查，而省地勞動監察監察部門一年中來不了幾次，甚至幾年不來一次，使這部分企業成了勞動保障監察執法的空白。如一些建築施工企業，其註冊地甚至還在外省，給勞動監察執法造成了一定的困難。

6、勞動保障監察執法機構不健全制約了勞動保障監察執法工作

　　勞動保障監察執法機構不健全、人員不足、經費短缺，交通通

訊工具缺乏，嚴重影響著勞動監察工作的辦事效率。這一問題已成為多年來勞動保障監察執法人員的共同呼聲，要引起各級政府的高度重視。

（二）對策及建議

　　勞動保障監察執法具有准司法性。隨著大陸市場經濟的建立，國有、集體企業逐步退出，非公有制經濟不斷壯大發展，當前失業職工增多，社會就業壓力大，農民工這一特殊群體的維權保護，「兩個確保」任務繁重，都需要勞動保障監察執法工作要積極適應形勢發展，必須加大勞動監察執法力度，維護社會穩定，促進社會經濟長期健康發展。

1、注重組織建設，建立一支強硬的勞動保障監察執法隊伍

　　基礎工作是做好勞動保障監察執法工作的重要前提和根本保障，隊伍建設是勞動保障監察執法工作基礎。進一步建立健全勞動保障監察執法組織機構，考慮一線工作人員的實際，加強一線勞動保障監察執法人員的配置，充分保障勞動監察機構人員編制、經費和交通通訊裝備，使勞動保障監察工作經常化，常規化。同時建議將勞動保障監察按屬地或者授權屬地管轄，避免交叉執法，重複執法。

2、加強部門之間協調，促進監察工作開展

　　堅持依靠社會力量，密切配合，發揮各職能部門作用。勞動監察工作涉及面廣，複雜多變，僅靠勞動監察部門的力量，不可能取得好效果，要取得相關執法部門的支持，加強與法院、公安、安監、工會、婦聯、工商、稅務、衛生、城建等部門的協調，堅持多溝通，多聯繫，多配合，使各部門在工作中增加理解，相互配合，充分發揮多職能部門的作用，推動勞動保障監察工作。充分發揮新聞

媒體的作用，加強對勞動保障法律、法規的宣傳，提高用人單位守法的自覺性。充分利用現有的宣傳工具，提高勞動者自我保護意識，使勞動者知法、懂法，使他們會用法律武器來保護自己的合法權益不受侵犯。

3、加強法制建設，賦予勞動監察執法相應職權

應以《勞動法》、《勞動保障監察條例》為依據，修改相關條例法規，結合勞動監察難、執法難的實際情況，按《行政處罰法》的有關規定，縮短勞動處罰執行時間，以使逃避責任的用工單位得到及時懲罰。賦予勞動監察部門查封、扣押、凍解帳戶、沒收違法所得等職權，改變勞動監察執法弱、執法難的問題。

4、強化工會組織作用，及時維護勞動者的合法權益。

在大陸現實情況下，勞動者相對於用人單位而言是弱勢群體，因此，要強化工會組織，及時維護勞動者的合法權益。工會是維護勞動者合法權益的組織，是勞動者的代言人。在《勞動法》和《工會法》中，均賦予了工會組織的職權。一方面，工會組織應加強參與性，要對勞資雙方的勞動合同履行情況進行監督，並積極參與勞動行政執法，減輕勞動保障監察執法的壓力，避免矛盾激化。另一方面，工會機關積極幫助企業建立和完善工會組織，尤其是加強對非公有制企業的工會組織建設，對個體經濟組織的雇員應由地方工會組織進行統一管理。同時建立長期的諮詢服務機構，促使勞動者學法、知法、守法，學會運用法律手段保護自己的合法權益。

5、政府宏觀調控，因時因地制宜，制定降低門檻准入政策。

當前勞動保障監察執法難的熱點問題主要是用人單位不與勞動

者簽定勞動合同和不為農民工辦理社會保險，而不與勞動者簽定勞動合同的實質內容還是為了規避社會保險責任，而目前的社會保險政策又使企業根本沒有經濟能力參加社會保險，這在農民工參加社會保險調查中已有顯示，強制執法必然會影響企業的發展，不強制執法又損害了農民工的合法權益，這對我們招商引資都很困難的經濟欠發達地區矛盾更為突出，執法與發展無法達到辨證統一。建議因時因地制宜，制定降低門檻准入政策，對農民工實行低保障低門檻進入，比如養老保險，繳費費率降低一半，其享受的養老保險待遇相應降低一半，以提高企業和農民工的積極性，擴大社會保險覆蓋面，總比目前停滯不前有利。從互聯網可知，已有部分地區在做有益的嘗試。只有這樣，才能從根本上解決執法與發展的辨證關係。

案例1 企業違章作業造成傷亡事故案

【案情】

2006年10月，某建築公司承包修建某單位住宅工程，該公司將此項工程發包給本公司施工員柳某。工程建設中，柳某私下找公司負責人聯繫借用吊車運塔吊，10月28日上午，公司會計兼小車駕駛員李某把吊車開到工程工地。企業吊駕駛員陳某將塔吊裝上車後也運至工地，公司安裝組人員開始組裝塔身。下午5點30分，汽車吊駕駛員陳某提出下班，且當時吊車又沒有油，說天黑無照明燈，還是明天再繼續做。現場施工負責人柳某不同意，派人找來汽油，讓大家繼續作。晚上8點20分，發現塔吊的塔身(全長17.5公尺)首尾

方向裝反了，無法與塔基座對上，塔身太長轉不過頭。而安裝人員說，鋼繩挪過來，這邊低，那邊高，由幾個人壓住就挪過去了。施工員柳某就讓試試，於是起重吊車駕駛員和柳某便叫來幾個民工壓上，開始了作業。汽車吊吊勾鋼繩由公司安裝組四名工人繫住（公司未配備繩工），為防止鋼繩滑出吊鉤，在系上鋼繩的吊鉤下部繫上12號鉛絲。在挪動中，第二節塔身前端鐵板撞在汽車吊伸出的平衡腳上，在用力想挪過平衡腳時細的鉛絲掙脫，原先高出地面五六米那端的小鋼繩滑出吊鉤，立即向下傾斜。由人扶住和站有人壓的這頭塔身突然向上升高，三人被彈開，四人先後摔落在地，其中兩人掉在地下平放的一根水泥杆上，另外三人掉在塔身上。民工被摔傷後，三人送往醫院後醫治無效死亡，一人重傷，兩人輕傷。

當地勞動安全監察部門接到事故舉報後，當即趕赴現場，經調查，純屬違反安全操作規程，違章指揮、違章作業所致。勞動安全監察機關依照有關規定，對城建公司以50000元的罰款，對有關責任人員處以罰款外，送檢察機關立案處理。

【評析】

這起生產勞動過程中發生的傷亡事故，完全是由工程指揮人員違反安全操作規程作業所造成的，後果嚴重。有關部門對其進行查處是及時的、正確的。這起事故中，違章指揮、違章作業主要有四個方面：一是承包人施工員柳某未經勞動安全部門的施工員安全培訓，不具有安全施工的基本知識，沒有資格擔當工地施工員的職責。由於柳某自身不具備安全施工資格，因而所負責施工的整個建築工地未制定安全技術措施方案，其違章指揮、冒險作業沒有制度約束，成了隨意行為。二是公司的吊車不具備對外承擔吊裝任務的條

件，操作工未經專業培訓，無證操作，城建公司也沒有配備繩工和指揮人員。三是違反了起重機械操作規定。四是工作無夜間照明，吊車照明燈損壞，吊物超長又違章任人作配重調頭，工地不具備夜間施工條件。

本案的查處，提醒企業在生產勞動中必須嚴格執法，加強安全管理。其經驗教訓主要是：

第一，企業施工負責人必須有強烈的安全法律責任感。《勞動法》規定，用人單位必須建立健全勞動安全衛生制度，嚴格執行國家勞動安全衛生規章和標準。用人單位必須為勞動者提供符合國家規定的勞動安全衛生條件。在本案中，工程施工工地根本沒有指定安全措施，所使用的汽吊也不具有承擔吊裝任務的條件，工作夜間無照明，不具備夜間施工條件。這一切都說明，該城建公司既不執行勞動安全衛生法規，又沒有加強勞動安全管理，完全是在無知和混亂中施工。

第二，管理人員和勞動者違反安全操作規程。《勞動法》規定，管理人員不得違章指揮，強令冒險作業，勞動者在勞動過程中必須嚴格遵守操作規程。在本案中，不僅施工員違章指揮，吊車及其他作業人員都有違章作業的問題。如吊物超長，讓人充當配重壓塔吊車，都嚴重違反操作規程。

第三，違反特種作業安全規定。起重機械作業屬於特種作業。《勞動法》規定，從事特種作業的勞動者必須經過專門培訓，並取特種作業資格。而本案吊車操作工未經專業培訓，沒有取得證照，屬無證駕駛，也是事故發生的重要原因之一。

建築業是傷亡事故較多的行業，因此，大陸對建築業的勞動安

全極為重視，對施工單位資格、施工管理人員、指揮人員、施工工地的條件、公司機械及施工人員都有明確的規定和要求。但是，不少建築單位忽視安全生產，不僅使用非技術人員從事技術作業，對職工也不進行安全培訓和教育，管理人員更是違章指揮。因此，本案的處理不僅應引起建築單位的注意，還應引起有關部門的重視，加強審批和監督，防止一而在、再而三的發生傷亡事故。

案例2 違章指揮、違章操作致重大傷亡案

【案情】

2006年9月23日上午，某建築工程公司第五工程承建的某高層建築工地項目施工員張某違章指揮，讓一個無證人員啟動大型吊籃上7層牆面擦馬賽克，因提升器鋼絲繩突然卡住，操作人員用板手打開安全鎖後吊籃下降到地面。下午，該項目施工員張某又違章指揮，讓四名工人乘坐無證人員開啟的吊籃去18層運鋼管。由於該吊籃再升到原受壓變形處，已受壓變形的鋼絲繩在經過損升器內兩只齒輪交叉旋轉後，突然斷裂，吊籃內北面兩名工人隨即墜落在地面，一名因傷勢過重，搶救無效死亡，另一名多處骨折成重傷。

【評析】

這起施工中發生的勞動安全責任事故案，涉及管理人員和作業人員，整個案件的違法問題表現在四個方面：

第一，管理人員違章指揮。《勞動法》第五十六條規定，勞動者對用人單位管理人員違章指揮，強令冒險作業，有權拒絕執行。《勞動法》第九十三條定，用人單位強令勞動者違章冒險作業，發生重

大傷亡事故，造成嚴重後果的，對責任人員依法追究刑事責任。這表明，管理人員違章指揮是一種違法行為，是法律所不允許的，對其造成的後果是要追究刑事責任的，而本辦中，項目施工員作為工程的直接管理者和指揮者竟然目無法紀，讓無證人員啟動大型機械吊裝設備，並且在已知有故障出現的情形下繼續讓無證人員進行操作，其違法情節和造成的後果都十分嚴重，應當追究其刑事責任。

第二，作業人員違章操作。這表現在兩個方面：一是無證人員無權操作需要持證上崗的的機械設備，而本案中的作業人員無證操作；二是作業人員在作業中不按規定著裝，未繫安全帶、未戴安全帽就上吊籃作業。在勞動過程中，不管是要求持證上崗也好，還是要按規定著莊和使用安全防護用具也好，都是勞動保護的重要內容，是保證安全、預防事故發生的必要措施。因此，必須不折不扣地慣徹落實。

第三，安全管理制度和責任不落實。生產勞動過程中必須執行嚴格的安全管理，實行責任制，每一個操作人員也應遵守安全管理制度。按照有關規定，上吊籃作業人員應按高處作業吊籃使用管理辦法和安全管理制定的規定，每天兩次對吊籃易汙部份清除汙物，使機械處於良好的安全狀態。而本案中，上午已發生提升器鋼繩突然卡住，說明易汙部份有汙物，應當清除後再使用，但作業人員並沒有按規定去做。本來上午使用吊籃時，因鋼絲繩卡住已經受壓變形，應對受壓變形的鋼絲繩進行技術處理或者更換新繩，然而作業人員也沒有去做。這說明對作業人員管理不嚴，作業人員安全責任制不落實。

第四，不重視安全教育和安全檢查。發生事故，雖然有主觀原因和

客觀原因，有直接原因和間接原因，有管理問題、責任問題、制度問題，但說到底還是教育問題。從本案的情況來看，問題發生不是個別人，而是一個群體，管理人員項目施工人員違章指揮，無證人員無證上崗操作，作業人員不按規定穿戴保護用具，機械設備出現故障不能及時認真檢查、維修、更換，這一切的一切，都說明該公司平時不注意、不重視安全教育，職工從管理人員到生產人員安全觀念淡薄，遵紀守法的意識很差。因此，對於像建築施工這樣事故率較高的行業，應特別加強對項目負責人、施工人員及作業人員的安全教育、安全考核，加大安全檢查的力度，杜絕違章指揮、違章作業現象，做好設施、設備的使用、維修、保養工作，增強全體職工的責任感和事業心，確保安全施工。

西進大陸
不冒險

11

勞動爭議 〉〉

熱點評說 ▶預防勞動爭議

案例1 勞動者可以選擇仲裁機構嗎？

案例2 達成調解協議後可以反悔嗎？

勞動爭議處理方式

問 題　**勞動爭議處理方式**

法條來源

《中華人民共和國勞動法》

相關法條

◉ 第七十七條

用人單位與勞動者發生勞動爭議，當事人可以依法申請調解、仲裁、提起訴訟，也可以協商解決。

調解原則適用於仲裁和訴訟程式。

◉ 第七十八條

解決勞動爭議，應當根據合法、公正、及時處理的原則，依法維護勞動爭議當事人的合法權益。

問 題　**勞動爭議處理方式**

法條來源

《中華人民共和國企業勞動爭議處理條例》

相關法條

第一章　總則

第一條

為了妥善處理企業勞動爭議，保障企業和職工的合法權益，維護正常的生產 經營秩序，發展良好的勞動關係，促進改革開放的順利發展，制定本條例。

第二條

本條例適用於中華人民共和國境內的企業與職工之間的下列勞動爭議：

(一)因企業開除、除名、辭退職工和職工辭職、自動離職發生的爭議；

(二)因執行國家有關工資、保險、福利、培訓、勞動保護的規定發生的爭議；

(三)因履行勞動合同發生的爭議；

(四)法律、法規規定應當依照本條例處理的其他勞動爭議。

第三條

企業與職工為勞動爭議案件的當事人。

第四條

處理勞動爭議，應當遵循下列原則：

(一) 重調解，及時處理；

(二) 在查清事實的基礎上，依法處理；

(三) 當事人在適用法律上一律平等。

第五條

發生勞動爭議的職工一方在三人以上，並有共同理由的，應當推舉代表參加調解或者仲裁活動。

第六條

勞動爭議發生後，當事人應當協商解決；不願協商或者協商不成的
， 可以向本企業勞動爭議調解委員會申請調解；調解不成的，可以
向勞動爭議 仲裁委員會申請仲裁。當事人也可以直接向勞動爭議仲
裁委員會申請仲裁。 對仲裁裁決不服的，可以向人民法院起訴。
勞動爭議處理過程中，當事人不得有激化矛盾的行為。

勞動爭議的調解

問題　勞動爭議企業調解的含義

　　企業勞動爭議調解是指企業和職工發生勞動爭議後，在企業勞
動爭議調解委員會的主持下，在查明事實、分清是非的基礎上，遵
循一定原則，通過宣傳國家法律和政策，促使企業和有爭議的職工
達成協議，從而把勞動爭議解決再企業內的一種活動

問題　勞動爭議調解委員會的設立

法條來源
<<中華人民共和國勞動法>>
相關法條
◉ 第八十條
在用人單位內，可以設立勞動爭議調解委員會。勞動爭議調解委員

會由職工代表、用人單位代表和工會代表組成。勞動爭議調解委員
會主任由工會代表擔任。

勞動爭議經調解達成協定的，當事人應當履行。

問題　調解委員會的組成

法條來源

<<中華人民共和國企業勞動爭議處理條例>>

相關法條

◉ 第七條

企業可以設立勞動爭議調解委員會（以下簡稱調解委員會）。調解
委員會負責調解本企業發生的勞動爭議。調解委員會由下列人員組
成：

(一)職工代表：職工代表由職工代表大會（或者職工大會，下同）
推舉產生；

(二)企業代表：企業代表由　廠長（經理）指定；

(三)企業工會代表：企業工會代表由企業工會委員會指定。

調解委員會組成人員的具體人數由職工代表大會提出並與廠長（經
理）協商　確定，企業代表的人數不得超過調解委員會成員總數的三
分之一。

◉ 第八條

調解委員會任由企業工會代表擔任。　調解委員會的辦事機構設在企
業工會委員會。

◉ 第九條

沒有成立工會組織的企業，調解委員會的設立及其組成由職工代表與企業代表協商決定。

問題　調解委員會的組成

法條來源

《企業勞動爭議調解委員會組織及工作規則》

相關法條

◉ 第八條

調解委員會由下列人員組成：

（一）職工代表；

（二）企業代表；

（三）企業工會代表。

職工代表由職工代表大會（職〈員〉工大會，下同）推舉產生；企業代表由企業法定代表人指定；企業工會代表由企業工會委員會指定。各方推舉或指定的代表只能代表一方參加調解委員會。

調解委員會組成人員的具體人數由職工代表大會提出並與企業法定代表人協商確定。企業代表的人數不得超過調解委員會成員總數的1/3。

沒有成立工會組織的企業，調解委員會的設立及其組成由職工代表與企業代表協商決定。

◉ 第九條

調解委員會主任由企業工會代表擔任。

調解委員會的辦事機構設在企業工會。

◉ 第十條

調解委員會應建立必要的工作制度，做好調解的登記、檔案管理和分析統計工作。

◉ 第十一條

調解委員會委員應當由具有一定勞動法律知識、政策水準和實際工作能力、辦事公道、為人正派、密切聯繫群眾的人員擔任。

調解委員會委員調離本企業或需要調整時，應由原推選單位或組織按規定另行推舉或指定。

調解委員會委員名單應報送地方總工會和地方仲裁委員會備案。

◉ 第十二條

兼職的調解委員會參加調解活動，需要佔用生產或工作時間，企業應予支援，並按正常出勤對待。

◉ 第十三條

企業應支持企業調解委員會的工作，並在物質上給予幫助。

調解委員會的活動經費由企業承擔。

問題 調解勞動爭議的程式

法條來源

<<企業勞動爭議調解委員會組織及工作規則>>

相關法條

◉ 第十四條

當事人申請調解，應當自知道或應當知道其權利被侵害之日起三十日內，以口頭或書面形式向調解委員會提出申請，並填寫《勞動爭議調解申請書》。

◉ 第十五條

調解委員會接到調解申請後，應徵詢對方當事人的意見，對方當事人不願調解的，應作好記錄，在三日內以書面形式通知申請人。

調解委員會應在四日內作出受理或不受理申請的決定，對不受理的，應向申請人說明理由。

對調解委員會無法決定是否受理的案件，由調解委員會主任決定是否受理。

◉ 第十六條

發生勞動爭議的職工一方在三人以上，並有共同申訴理由的，應當推舉代表參加調解活動。

◉ 第十七條

調解委員會按下列程式進行調解：

（一）及時指派調解委員對爭議事項進行全面調查核實，調查應作筆錄，並由調查人簽名或蓋章；

（二）調解委員會主任主持召開有爭議雙方當事人參加的調解會議，有關單位和個人可以參加調解會議協助調解，簡單的爭議，可由調解委員會指定一至二名調解委員進行調解；

（三）調解委員會應聽取雙方當事人對爭議事實和理由的陳述，在查明事實、分清是非的基礎上，依照有關勞動法律、法規，以及依照法律、法規制定的企業規章和勞動合同，公正調解；

（四）經調解達成協定的，製作調解協議書，雙方當事人應自覺履行，協議書應寫明爭議雙方當事人的姓名（單位、法定代表人）、職務、爭議事項、調解結果及其它應說明的事項，由調解委員會主任（簡單爭議由調解委員會）以及雙方當事人簽名或蓋章，並加蓋

調解委員會印章，調解協議書一式三份（爭議雙方當事人、調解委員會各一份）；

（五）調解不成的，應作記錄，並在調解意見書上說明情況，由調解委員會主任簽名、蓋章，並加蓋調解委員會印章，調解意見書一式三份（爭議雙方當事人、調解委員會各一份）。

◉ 第十八條

調解委員會調解勞動爭議，應當自當事人申請調解之日起三十日內結束。到期未結束的，視為調解不成。

◉ 第十九條

調解委員會成員有下列情形之一者，當事人有權以口頭或書面形式申請，要求其回避：

（一）是勞動爭議當事人或者當事人近親屬的；

（二）與勞動爭議有利害關係的；

（三）與勞動爭議當事人有其他關係，可能影響公正調解的。

調解委員會對迴避申請應及時作出決定，並以口頭或書面形式通知當事人。調解委員會的回避由調解委員會主任決定；調解委員會主任的迴避，由調解委員會集體研究決定。

勞動爭議的仲裁

問題　勞動爭議仲裁委員會的組成

法條來源

<<中華人民共和國勞動法>>

相關法條

◉ 第七十九條

勞動爭議發生後，當事人可以向本單位勞動爭議調解委員會申請調解；調解不成，當事人一方要求仲裁的，可以向勞動爭議仲裁委員會申請仲裁。當事人一方也可以直接向勞動爭議仲裁委員會申請仲裁。對仲裁裁決不服的，可以向人民法院提起訴訟。

◉ 第八十一條

勞動爭議仲裁委員會由勞動行政部門代表、同級工會代表、用人單位方面的代表組成。

勞動爭議仲裁委員會主任由勞動行政部門代表擔任。

問題 勞動爭議仲裁委員會的組成

法條來源

<<中華人民共和國企業勞動爭議處理條例>>

相關法條

◉ 第十三條

仲裁委員會由下列人員組成：

(一)勞動行政主管部門的代表；

(二)工會的代表；

(三)政府指定的經濟綜合管理部門的代表。

仲裁委員會組成人員必須是單數，主任由勞動行政主管部門的負責人擔任。

勞動行政主管部門的勞動爭議處理機構為仲裁委員會的辦事機構，

負責辦理 仲裁委員會的日常事務。

仲裁委員會實行少數服從多數的原則。

問 題 | 仲裁的申請與受理

法條來源

《中華人民共和國企業勞動爭議處理條例》

相關法條

◉ 第二十四條

當事人向仲裁委員會申請仲裁，應當提交申訴書，並按照被訴人 數提交副本。申訴書應當載時下列事項。

(一)職工當事人的姓名、職業、住址和工作單位的；企業的名稱、地址和法定代表人的姓名、職務；

(二)仲裁請求和所根據的事實和理由；

(三)證據、證人的姓名和住址。

◉ 第二十五條

仲裁委員會應當自收到申訴書之日起七日內做出受理或者不予受 理的決定。仲裁委員會決定受理的，應當自作出決定之日起七日內將申訴書 的副本送達被訴人，並組成仲裁庭；決定不予受理的，應當說明理由。 被訴人應當自收到申訴書副本之日起十五日內提交答辯書和有關證據。被訴 人沒有按時提交或者不提交答辯書的，不影響案件的審理。 仲裁委員會有權要求當事人提供或者補充證據。

◉ 第二十六條

仲裁庭應當於開庭的四日前，將開庭時間、地點的書面通知送達

當事人。當事人接到書面通知，無正當理由拒不到庭或者未經仲裁庭同意中　途退庭的，對申訴人按照撤訴處理，對被訴人可以缺席裁決。

問 題　仲裁的審理

法條來源

<<中華人民共和國企業勞動爭議處理條例>>

相關法條

◉ 第二十七條

仲裁庭處理勞動爭議應當先行調解，要查明事實的基礎上促使　當事人雙方自願達成協定。協定內容不得違反法律、法規。

◉ 第二十八條

調解達成協定的，仲裁庭應當根據協定內容製作調解書，調解　書自送達之日起具有法律效力。

◉ 第二十九條

仲裁庭裁決勞動爭議案件，實行少數服從多數的原則。不同意　見必須如實筆錄。仲裁庭作出裁決後，應當製作裁決書，送達雙方當事人。

問 題　仲裁的效力

法條來源

<<中華人民共和國勞動法>>

相關法條

◉ 第八十二條

提出仲裁要求的一方應當自勞動爭議發生之日起六十日內向勞動
爭議仲裁委員會提出書面申請。仲裁裁決一般應在收到仲裁申請的
六十日內作出。對仲裁裁決無異議的，當事人必須履行。

◉ 第八十三條

勞動爭議當事人對仲裁裁決不服的，可以自收到仲裁裁決書之日起
十五日內向人民法院提起訴訟。一方當事人在法定期限內不起訴又
不履行仲裁裁決的，另一方當事人可以申請人民法院強制執行。

◉ 第八十四條

因簽訂集體合同發生爭議，當事人協商解決不成的，當地人民政府
勞動行政部門可以組織有關各方協調處理。

因履行集體合同發生爭議，當事人協商解決不成的，可以向勞動爭
議仲裁委員會申請仲裁；對仲裁裁決不服的，可以自收到仲裁裁決
書之日起十五日內向人民法院提起訴訟。

問 題　仲裁的效力

法條來源

<<中華人民共和國企業勞動爭議處理條例>>

相關法條

◉ 第三十條

當事人對仲裁裁決不服的，自收到裁決書之日起十五日內，可以 向
人民法院起訴；期滿不起訴的，裁決書即發生法律效力。

◉ 第三十一條

當事人對發生法律效力的調解書和裁決書，應當依照規定的期限 履行。一方當事人逾期不履行的，另一方當事人可以申請人民法院強制執行。

◉ 第三十二條

仲裁庭處理勞動爭議，應當自組成仲裁庭之日起六十日內結束。 案情複雜需要延期的，經報仲裁委員會批准，可以適當延期，但是延長的期 限不得超過三十日。

四 勞動爭議的訴訟

問題 法院受理勞動爭議案件的範圍

法條來源

<<中華人民共和國勞動法>>

相關法條

◉ 第二條

在中華人民共和國境內的企業、個體經濟組織（以下統稱用人單位）和與之形成勞動關係的勞動者，適用本法。

國家機關、事業組織、社會團體和與之建立勞動合同關係的勞動者，依照本法執行。

問 題　法院受理勞動爭議案件的條件

法條來源

《最高人民法院關於審理勞動爭議案件適用法律若干問題的解釋(一)》

相關法條

◉ 第一條

勞動者與用人單位之間發生的下列糾紛，屬於《勞動法》第二條規定的勞動爭議，當事人不服勞動爭議仲裁委員會作出的裁決，依法向人民法院起訴的，人民法院應當受理：

（一）勞動者與用人單位在履行勞動合同過程中發生的糾紛；

（二）勞動者與用人單位之間沒有訂立書面勞動合同，但已形成勞動關係後發生的糾紛；

（三）勞動者退休後，與尚未參加社會保險統籌的原用人單位因追索養老金、醫療費、工傷保險待遇和其他社會保險費而發生的糾紛。

問 題　法院的受理

法條來源

《最高人民法院關於審理勞動爭議案件適用法律若干問題的解釋(一)》

相關法條

◉ 第二條

勞動爭議仲裁委員會以當事人申請仲裁的事項不屬於勞動爭議為由，作出不予受理的書面裁決、決定或者通知，當事人不服，依法向

人民法院起訴的，人民法院應當分別情況予以處理：

（一）屬於勞動爭議案件的，應當受理；

（二）雖不屬於勞動爭議案件，但屬於人民法院主管的其他案件，應當依法受理。

◉ 第三條

勞動爭議仲裁委員會根據《勞動法》第八十二條之規定，以當事人的仲裁申請超過六十日期限為由，作出不予受理的書面裁決、決定或者通知，當事人不服，依法向人民法院起訴的，人民法院應當受理；對確已超過仲裁申請期限，又無不可抗力或者其他正當理由的，依法駁回其訴訟請求。

◉ 第四條

勞動爭議仲裁委員會以申請仲裁的主體不適格為由，作出不予受理的書面裁決、決定或者通知，當事人不服，依法向人民法院起訴的，經審查，確屬主體不適格的，裁定不予受理或者駁回起訴。

◉ 第五條

勞動爭議仲裁委員會為糾正原仲裁裁決錯誤重新作出裁決，當事人不服，依法向人民法院起訴的，人民法院應當受理。

◉ 第六條

人民法院受理勞動爭議案件後，當事人增加訴訟請求的，如該訴訟請求與訟爭的勞動爭議具有不可分性，應當合併審理；如屬獨立的勞動爭議，應當告知當事人向勞動爭議仲裁委員會申請仲裁。

◉ 第七條

勞動爭議仲裁委員會仲裁的事項不屬於人民法院受理的案件範圍，當事人不服，依法向人民法院起訴的，裁定不予受理或者駁回起訴。

問題　勞動爭議的管轄

法條來源

《最高人民法院關於審理勞動爭議案件適用法律若干問題的解釋(一)》

相關法條

◉ 第八條

勞動爭議案件由用人單位所在地或者勞動合同履行地的基層人民法院管轄。

勞動合同履行地不明確的，由用人單位所在地的基層人民法院管轄。

◉ 第九條

當事人雙方不服勞動爭議仲裁委員會作出的同一仲裁裁決，均向同一人民法院起訴的，先起訴的一方當事人為原告，但對雙方的訴訟請求，人民法院應當一併作出裁決。

當事人雙方就同一仲裁裁決分別向有管轄權的人民法院起訴的，後受理的人民法院應當將案件移送給先受理的人民法院。

問題　勞動爭議的審理

法條來源

《最高人民法院關於審理勞動爭議案件適用法律若干問題的解釋(一)》

相關法條

◉ 第十條

用人單位與其他單位合併的，合併前發生的勞動爭議，由合併後的

單位為當事人；用人單位分立為若干單位的，其分立前發生的勞動爭議，由分立後的實際用人單位為當事人。

用人單位分立為若干單位後，對承受勞動權利義務的單位不明確的，分立後的單位均為當事人。

◉ 第十一條

用人單位招用尚未解除勞動合同的勞動者，原用人單位與勞動者發生的勞動爭議，可以列新的用人單位為第三人。

原用人單位以新的用人單位侵權為由向人民法院起訴的，可以列勞動者為第三人。

原用人單位以新的用人單位和勞動者共同侵權為由向人民法院起訴的，新的用人單位和勞動者列為共同被告。

◉ 第十二條

勞動者在用人單位與其他平等主體之間的承包經營期間，與發包方和承包方雙方或者一方發生勞動爭議，依法向人民法院起訴的，應當將承包方和發包方作為當事人。

◉ 第十三條

因用人單位作出的開除、除名、辭退、解除勞動合同、減少勞動報酬、計算勞動者工作年限等決定而發生的勞動爭議，用人單位負舉證責任。

◉ 第十四條

勞動合同被確認為無效後，用人單位對勞動者付出的勞動，一般可參照本單位同期、同工種、同崗位的工資標準支付勞動報酬。

根據《勞動法》第九十七條之規定，由於用人單位的原因訂立的無效合同，給勞動者造成損害的，應當比照違反和解除勞動合同經濟

補償金的支付標準，賠償勞動者因合同無效所造成的經濟損失。

◉ 第十五條

用人單位有下列情形之一，迫使勞動者提出解除勞動合同的，用人單位應當支付勞動者的勞動報酬和經濟補償，並可支付賠償金：

（一）以暴力、威脅或者非法限制人身自由的手段強迫勞動的；

（二）未按照勞動合同約定支付勞動報酬或者提供勞動條件的；

（三）克扣或者無故拖欠勞動者工資的；

（四）拒不支付勞動者延長工作時間工資報酬的；

（五）低於當地最低工資標準支付勞動者工資的。

◉ 第十六條

勞動合同期滿後，勞動者仍在原用人單位工作，原用人單位未表示異議的，視為雙方同意以原條件繼續履行勞動合同。一方提出終止勞動關係的，人民法院應當支持。

根據《勞動法》第二十條之規定，用人單位應當與勞動者簽訂無固定期限勞動合同而未簽訂的，人民法院可以視為雙方之間存在無固定期限勞動合同關係，並以原勞動合同確定雙方的權利義務關係。

◉ 第十七條

勞動爭議仲裁委員會作出仲裁裁決後，當事人對裁決中的部分事項不服，依法向人民法院起訴的，勞動爭議仲裁裁決不發生法律效力。

◉ 第十八條

勞動爭議仲裁委員會對多個勞動者的勞動爭議作出仲裁裁決後，部分勞動者對仲裁裁決不服，依法向人民法院起訴的，仲裁裁決對提出起訴的勞動者不發生法律效力；對未提出起訴的部分勞動者，發

生法律效力，如其申請執行的，人民法院應當受理。

◉ 第十九條

用人單位根據《勞動法》第四條之規定，通過民主程序制定的規章制度，不違反國家法律、行政法規及政策規定，並已向勞動者公示的，可以作為人民法院審理勞動爭議案件的依據。

◉ 第二十條

用人單位對勞動者作出的開除、除名、辭退等處理，或者因其他原因解除勞動合同確有錯誤的，人民法院可以依法判決予以撤銷。

對於追索勞動報酬、養老金、醫療費以及工傷保險待遇、經濟補償金、培訓費及其它相關費用等案件，給付數額不當的，人民法院可以予以變更。

◉ 第二十一條

當事人申請人民法院執行勞動爭議仲裁機構作出的發生法律效力的裁決書、調解書，被申請人提出證據證明勞動爭議仲裁裁決書、調解書有下列情形之一，並經審查核實的，人民法院可以根據《民事訴訟法》第二百一十七條之規定，裁定不予執行：

（一）裁決的事項不屬於勞動爭議仲裁範圍，或者勞動爭議仲裁機構無權仲裁的；

（二）適用法律確有錯誤的；

（三）仲裁員仲裁該案時，有徇私舞弊、枉法裁決行為的；

（四）人民法院認定執行該勞動爭議仲裁裁決違背社會公共利益的。

人民法院在不予執行的裁定書中，應當告知當事人在收到裁定書之次日起三十日內，可以就該勞動爭議事項向人民法院起訴。

特殊勞動爭議處理辦法

問題　用人單位和受聘雇的台、港、澳人員發生勞動爭議如何處理

法條來源

《臺灣、香港、澳門居民在內地就業管理規定》
勞動社會保障部令第26號發佈

相關法條

◉ 第十五條

用人單位與聘僱的台、港、澳人員之間，發生勞動爭議，依照國家有關勞動爭議處理的規定處理。

問題　退休人員與聘用單位發生勞動爭議是否受理

資料來源

勞動部辦公廳《關於勞動爭議受理問題的復函》
勞辦發[1994] 96號

相關內容

二、根據《國務院關於嚴格執行工人退休、退職暫行規定的通知》和中共中央辦公廳、國務院辦公廳轉發的《關於發揮離退休專業技術人員作用的暫行規定》精神，以及國家工商行政管理局關於離、

退休專業技術人員和黨政機關離、退休專業技術人員從事個體經營
問題的有關規定精神，在目前情況下，退休人員是可以被其他用人
單位聘用而從事工作的，並且應簽訂聘用合同。因此，退休人員與
用人單位發生勞動爭議，如屬於《條例》規定的受理範圍，勞動爭
議仲裁委員會應予受理。

問 題　外國人在中國就業發生勞動爭議仲裁委員會是否受理

法條來源

勞動部、公安部、外交部和對外貿易經濟合作部聯合發佈的

<<外國人在中國就業管理規定>>

勞部發[1996] 29號

相關法條

◉ 第二十六條

用人單位與被聘用的外國人發生勞動爭議，應按照《中華人民共和
國勞動法》和《中華人民共和國企業勞動爭議處理條例》處理。

問 題　因職工要求調出、辭職，用人單位收取培訓費引起的爭議是否受理

資料來源

勞動部辦公廳<<關於處理勞動爭議案件若干政策性問題的復函>>

勞辦發[1994] 322號

相關內容

八、因職工要求調出、辭職，企業收取培訓費引起的勞動爭議屬於仲裁委員會受案範圍，處理時應根據《<企業勞動爭議處理條例>若干問題的解釋》（勞部發工[1993]）224號）第三條的規定，結合具體情況合情合理地解決。

問 題	**因限期調職、下崗引起的爭議，仲裁委員會是否受理**

資料來源

勞動部辦公廳致新疆維吾爾自治區勞動廳<<關於職工因崗位變更與企業發生爭議等有關問題的復函>>

勞辦發[1996] 100號

相關內容

二、關於"限期調離"等引起的勞動爭議是否受理問題。職工因被單位限期調離而與單位發生的爭議，符合受理條件的，仲裁委員會應當依據《關於勞動爭議仲裁工作幾個問題的通知》（勞部發〔1995〕338號）的規定，按職工流動爭議受理。

企業與下崗職工因減發工資、獎金而引起的爭議，符合受理條件的，仲裁委員會應當依據《企業勞動爭議處理條例》第二條規定，按工資爭議受理。

問題　退休職工因向企業追索退休金引起的爭議是否受理

資料來源

勞動部<<關於退休職工因向企業追索退休金引起的爭議如何受理的復函>>

勞辦力字[1993] 19號

相關內容

職工退休後雖然與企業已不存在勞動關係，但是退休職工在崗期間履行的勞動義務，是其退休後享受養老保險金的前提和基礎，而且退休金的計算標準要由企業提供依據。因此，我們認為，由於企業核定退休金標準或企業發放退休金而引起的退休職工與企業行政之間的爭議，可視為勞動爭議。可比照勞動爭議有關規定處理。

問題　離退休人員在本單位組織外出療養途中發生意外傷亡後因有關待遇問題引起的爭議是否受理

資料來源

勞動部辦公廳<<關於離退休人員在單位組織外出療養途中發生意外傷亡問題復函>>

勞辦發[1993] 90號

相關內容

一、離退休人員在原單位組織外出療養途中發生意外傷亡，不能比照工傷處理，生活困難問題，可由企業酌情處理。

二、按照《中華人民共和國企業勞動爭議處理條例》第二條規定，
上述情況引起的爭議不屬於勞動爭議仲裁委員會受理範圍。

問 題　企業退休人員因追索醫療費引起的爭議是否受理

資料來源

勞動部辦公廳致浙江省勞動廳<<關於企業退休人員追索醫療費爭議
是否受理的復函>>

勞辦發[1995] 96號

相關內容

職工退休後雖與原用人單位已不存在勞動關係，但其退休前在原用
人單位履行的勞動義務是退休後享受醫療待遇的前提和基礎備條件
，因此，在目前退休人員的醫療保險費仍由本單位支出的情況下，
退休人員向本單位追索醫療費的爭議，　可視為勞動爭議，勞動爭議
仲裁委員會應予受理。

問 題　因違反計劃生育政策被開除引起的爭議是否受理

資料來源

勞動部<<關於受理職工違反計劃生育政策規定引起的勞動爭議問題
的復函>>

勞辦力字[1992] 15號

相關內容

按照《國營企業勞動爭議處理暫行規定》（國發〔1987〕69號）第二條的規定，勞動仲裁委員會的受理範圍之一為「因開除、除名、辭退違紀職工發生爭議」，因此，職工因違反計劃生育政策被企業開除引起的爭議，勞動仲裁委員會應當受理。在處理這類勞動爭議時，除依據勞動法律、法規外，還應以國家和地方政府有關計劃生育政策的法規、規章，以及企業內部符合國家規定的有關規章制度為依據。

問 題	仲裁裁決後，用人單位又以原事實對職工再行處理，職工不服再次申訴是否受理

資料來源

勞動部辦公廳致河南省勞動廳<<關於仲裁裁決生效前企業能否對職工再行處理的復函>>

勞辦發[1995] 323號

相關內容

企業不服勞動爭議仲裁委員會仲裁裁決，在法定時效內起訴到法院後，又以原事實和理由對職工再次處理，如果職工對企業的再次處理不服，可以向勞動爭議仲裁委員會申訴。只要該勞動爭議符合受案範圍，勞動爭議仲裁委員會應予受理。

| 問 題 | 因職工從事第二職業發生勞動爭議是否受理 |

資料來源

1.<<關於因企業職工流動等問題發生勞動爭議是否受理的復函>>

勞辦發[1994]248號

2.<<關於職工從事業餘兼職勞動爭議如何處理的復函>>

勞辦發[1995]209號

相關內容

職工因從事第二職業與聘用單位發生勞動爭議，勞動爭議仲裁委員會可依據<<企業勞動爭議處理條例>>第二條規定予以受理。

| 問 題 | 職工因違反廠規廠紀被處罰款不交而扣發工資以及因受開除以外的其他行政處分或待崗而影響工資、獎金發生的爭議是否受理 |

資料來源

勞動部辦公廳<<關於勞動爭議受理範圍的復函>>

1994年4月14日勞辦發[1994] 126號

相關內容

《全民所有制工業企業轉換經營機制條例》規定「企業享有工資、獎金分配權」，所以企業可以據此制定相關的內部晉級獎金等規章制度。該《條例》還規定企業可以依照法律、法規和企業規章，解除勞動合同，辭退、開除職工。因此，企業制定的不與國家法律、法規相抵觸的規章制度應作為仲裁委員會處理勞動爭議的依據。對

上述勞動爭議，當事人只要在申訴時效內提出申訴，仲裁委員會應依據《中華人民共和國企業勞動爭議處理條例》第二條的規定予以受理。

問 題	因工傷議定、傷殘鑑定及工傷待遇給付發生的爭議是由勞動行政部門的社會保險行政機構受理還是由勞動爭議仲裁委員會受理

資料來源

1.勞動部辦公廳<<關於處理工傷爭議有關問題的復函>>
勞辦發[1996]28號

2.<<企業職工工傷保險試行辦法>>

(如光碟勞動法規大全-序號第77條)

相關內容

一、關於工傷認定的時效問題。目前勞動行政部門對受理勞動者工傷申訴沒有時效規定。如勞動者與用人單位因工傷認定及可否享受工傷待遇發生爭議，當事人向勞動爭議仲裁委員會申請仲裁的，只要符合勞動爭議的受案範圍，勞動爭議仲裁委員會不應不加區別地將職工負傷之日確定為勞動爭議發生之日，而應根據具體情況確定勞動爭議發生之日，並依據國家有關規定予以受理和處理。

二、關於因工傷認定發生爭議的處理問題。現行認定工傷的法律和政策依據《中華人民共和國勞動保險條例》、《中華人民共和國勞動保險條例實施細則》和全國總工會《勞動保險問題解答》等規定

，負責監督執行工傷保險政策的是各級勞動行政部門的社會保險行政機構。因此，勞動者和用人單位對工傷認定問題發生爭議，當事人可向當地勞動行政部門的社會保險行政機構申訴，也可以向勞動爭議仲裁委員會申請仲裁。由勞動行政部門的社會保險行政機構處理的，當事人對其認定結論不服的，可依法提起行政復議或行政訴訟；向勞動爭議仲裁委員會申請仲裁的，只要符合受理條件，仲裁委員會應予受理，並按《勞動爭議仲裁委員會 辦案規則》(以下簡稱《辦案規則》)的有關規定委託當地勞動行政部門的社會保險行政機構進行認定，然後依據認定結論和國家有關規定進行處理。

三、關於職工因要求傷殘鑒定發生爭議的處理問題。職工被認定工傷後，因要求進行傷殘等級和護理依賴程度鑒定的問題與用人單位發生勞動爭議，可以向當地勞動爭議仲裁委員會申請仲裁，仲裁委員會受理後，先按《辦案規則》的有關規定委託當地勞動鑒定委員會進行傷殘鑒定，然後依據鑒定結論及國家有關規定進行處理。

四、關於職工對傷殘鑒定結論不服如何申訴的問題。職工對勞動鑒定委員會作出的傷殘等級和護理依賴程度鑒定結論不服，可依法提起行政復議或行政訴訟。但是，職工對勞動爭議仲裁委員會在處理工傷方面的勞動爭議過程中委託當地勞動鑒定委員會所作的傷殘鑒定不服的，不能提起行政復議或行政訴訟，而應按勞動爭議仲裁程式進行。

五、關於工傷待遇給付發生爭議的處理問題。職工因工傷待遇給付

問題與用人單位發生的爭議，屬於勞動爭議，可向當地勞動爭議仲裁委員會申請仲裁。但是，職工與社會保險機構發生的工傷待遇給付爭議，不屬於勞動爭議，勞動爭議仲裁委員會不予受理。職工可向社會保險機構的上一級主管部門申請行政復議。

六、關於工傷認定問題。對職工在工作時間、工作區域因工作原因造成的傷亡（包括因工隨車外出發生交通事故而造成的傷亡），即使職工本人有一定的責任，都應認定為工傷，但不包括犯罪或自殺行為。認定職工工傷，給予職工工傷保險待遇，並不影響企業按規定對違章操作的職工給予行政處分。

七、關於司機在工作中發生傷亡事故是否認定工傷問題。由於司機是特殊工種，職業危險性較大，所以司機在執行正常工作時發生交通事故造成傷亡，屬無責任或少部分責任的，一般應認定為工傷。

問題　職工因探親假及其待遇發生爭議，勞動仲裁機關依據哪些法規處理

資料來源

1.<<關於職工探親待遇的規定>>

(如光碟勞動法規大全-序號第20條)

2.關於制定《國務院關於職工探親待遇的規定》實施細則的若干問題的意見

勞總險字[1981]12號

相關內容

為便於各地區制定《國務院關於職工探親待遇的規定》的實施細則，現就若干問題提出如下意見：

一、《國務院關於職工探親待遇的規定》（以下簡稱《探親規定》）所稱的父母，包括自幼撫養職工長大，現在由職工供養的親屬。不包括岳父母、公婆。

二、學徒、見習生、實習生在學習、見習、實習期間不能享受《探親規定》的待遇。

三、《探親規定》所稱的「不能在公休假日團聚」是指不能利用公休假日在家居住一夜和休息半個白天。

四、符合探望配偶條件的職工，因工作需要當年不能探望配偶時，其不實行探親制度的配偶，可以到職工工作地點探親，職工所在單位應按規定報銷其往返路費。職工本人當年則不應再享受探親待遇。

五、女職工到配偶工作地點生育，在生育休假期間，超過五十六天（難產、雙生七十天）產假以後，與配偶團聚三十天以上的，不再享受當年探親待遇。

六、職工的父母或母親和職工的配偶同居一地的，職工在探望配偶時，即可同時探望其父母或者母親，因此，不能再享受探望父母的待遇。

七、具備探望父母條件的已婚職工，每四年給假一次，在這四年中的任何一年，經過單位領導批准即可探親。

八、職工配偶是軍隊幹部的，其探親待遇仍按一九六四年七月二十七日《勞動部關於配偶是軍官的工人、職員是否享受探親假待遇問題的通知》辦理《通知》第一條中所規定的假期天數應改按

一九八一年頒佈的《國務院關於職工探親待遇的規定》中第三條第一項規定的假期天數執行。。

九、職工在探親往返旅途中，遇到意外交通事故，例如坍方、洪水沖毀道路等，造成交通停頓，以致職工不能按期返回工作崗位的，在持有當地交通機關證明，向所在單位行政提出申請後，其超假日期可以算作探親路程假期。

十、各單位要合理安排職工探親的假期，務求不要妨礙生產和工作的正常進行，並且不得因此而增加人員編制。

十一、各單位對職工探親要建立嚴格的審批、登記、請假、銷假制度。對無故超假的，要按曠工處理。

十二、有關探親路費的具體開支辦法按財政部的規定辦理。

十三、一九五八年四月二十三日《勞動部對於制定國務院關於工人、職員回家探親的假期和工資待遇的暫行規定實施細則中若干問題的意見》予以廢止。

鐵道部、交通部也可以根據《探親規定》，參照上述意見制定鐵道、航運系統的實施細則，在本系統內統一執行，並抄送國家勞動總局備案。

問 題	軍隊、武警部隊的用人單位與無軍籍職工發生勞動爭議是否受理

資料來源

<<關於軍隊、武警部隊的用人單位與無軍籍職工發生勞動爭議如何受理的通知>>

勞部發[1995] 252號

相關內容

軍隊、武警部隊的用人單位（含機關、事業組織、企業）與本單位無軍籍職工發生勞動爭議，各級勞動爭議仲裁委員會應按照《勞動法》和《企業勞動爭議處理條例》的規定予以受理。

問題 商業銀行與其職工發生勞動爭議是否受理

資料來源

勞動部<<關於貫徹執行<中華人民共和國勞動法>若干問題的意見>>

相關意見

86.根據《中華人民共和國商業銀行法》的規定，商業銀行為企業法人。商業銀行與其職工適用《勞動法》、《中華人民共和國企業勞動爭議處理條例》等勞動法律、法規和規章。商業銀行與其職工發生的爭議屬於勞動爭議的受案範圍的，勞動爭議仲裁委員會應予受理。

問題 國家機關、事業單位、社會團體與本單位的固定職工發生勞動爭議，仲裁委員會是否受理

資料來源

勞動部辦公廳致山東省勞動廳<<關於勞動爭議受案範圍的復函>>

勞辦發[1995] 94號

相關內容

國家機關、事業組織、社會團體與本單位的固定職工發生勞動爭議後，當事人向勞動爭議仲裁委員會申請仲裁，只要該爭議標的符合受案範圍的，勞動爭議仲裁委員會應按照<<中華人民共和國企業勞動爭議處理條例>>第三十九條的規定予以受理。

問 題	外派勞務企業與勞務人員發生的勞動爭議，仲裁委員會是否受理

資料來源

對外貿易經濟合作部與勞動部聯合發布的<<關於切實加強保護外派勞務人員合法權益的通知>>

外經貿合發[1994] 654號

相關內容

一、外派勞務企業應按照《中華人民共和國勞動法》等有關法律、法規，與勞務人員簽訂勞動合同。外派勞務不得招用未滿16週歲的未成年人。

六、根據國家有關規定，外派勞務企業在勞務人員合法權益保護方面，必須接受勞動行政部門和業務主管部門的管理與監督。因此仲裁委員會應受理。

問題　因用人單位錄用職工非法收費發生的勞動爭議是否受理

資料來源

勞動部<<關於嚴禁用人單位錄用職工非法收費的通知>>

勞部發[1995] 346號

相關內容

用人單位在錄用職工時非法向勞動者收取費用，把繳費作為錄用的前提條件，其名目有集資、風險基金、培訓費、抵押金、保證金等。更為嚴重的是，個別用人單位根本沒有新的工作崗位，而把錄用職工僅僅作為籌集資金的管道，被錄用的職工長期不能上班，嚴重損害了這部分勞動者的合法權益。這種在錄用職工中非法收費的行為必須予以糾正。為此，現通知如下：

一、用人單位錄用職工必須按照《勞動法》的有關規定，遵循面向社會、公開招收、全面考核、擇優錄用的原則，保證勞動者享有平等就業的權利。用人單位元只有在生產經營需要並能保證勞動者享有《勞動法》第三條規定的各項勞動權利時，方可錄用職工。嚴禁用人單位在沒有正常工作崗位的情況下搞假招工。

二、用人單位不得在招工條件中規定個人繳費內容，勞動行政部門要加強對用人單位招工啟示、簡章的審查，對違反規定的，應給予警告，並責令其改正。

三、勞動行政部門要加強對用人單位錄用職工行為的監督檢查。對

用人單位在錄用職工時非法向勞動者個人收取費用的，要責令用人單位立即退還勞動者；對用人單位招工後不能向職工提供正常工作崗位或不能保障職工其他各項勞動權利的，應依法予以糾正；給勞動者造成經濟損失的，應責令其賠償。因此而發生的勞動爭議，當事人有權向勞動爭議仲裁委員會申請仲裁。

四、新辦集體所有制企業錄用職工需要勞動者自帶生產資料或自籌獎金的，應按照有關發展集體經濟的政策規定進行，實行自願組合。

五、各級勞動行政部門要結合貫徹《勞動法》，加強對勞動者平等就業和選擇職業基本權利的宣傳。要採取切實措施，消除錄用職工過程中一切形式的歧視行為，鼓勵勞動者通過提高自身素質，平等參與競爭。

 ## （六）勞動爭議受案（理）範圍和規定

1.勞動爭議受案（理）範圍

　　根據《勞動法》、《企業勞動爭議處理條例》、勞動部辦公廳《關於〈中華人民共和國勞動法〉若干條文的說明》（勞辦發[1994]289號）、勞動部《關於貫徹執行〈中華人民共和國勞動法〉若干問題的意見》（勞部發[1995]309號）等規定，仲裁委員會

受理勞動爭議的範圍：

從爭議主體上看包括：

（1）中國境內的各類企業與職工；

（2）個體工商戶與學徒、幫工；

（3）國家機關、事業組織、社會團體與本單位工人（或稱工勤人員）及與之建立勞動合同關係的其他各類非工勤人員，實行企業化管理的事業組織與本組織的全體人員。

根據勞動部辦公廳《關於實行企業化管理的事業組織與職工發生勞動爭議有關問題的復函》（勞辦發[1996]165號）規定，「實行企業化管理的事業組織」和「人員」是指「國家不再核撥經費，實行獨立核算、自負盈虧的事業組織」和「該單位的全體職工」。

從爭議內容上看包括：

（1）因企業開除、除名、辭退職工和職工辭職、自動離職發生的爭議；

（2）因執行有關工資、保險、福利、培訓、勞動保護的規定發生的爭議；

（3）因履行、解除、終止勞動合同發生的爭議；

（4）因認定無效勞動合同、特定條件下訂立勞動合同發生的爭議；

（5）因職工流動發生的爭議；

（6）因用人單位裁減人員發生的爭議；

（7）因經濟補償和賠償發生的爭議；

（8）因履行集體合同發生的爭議；

（9）因用人單位錄用職工非法收費發生的爭議；

（10）法律、法規規定應當受理的其他勞動爭議。

2.關於涉及商業秘密的勞動爭議

勞動和社會保障部辦公廳關於勞動爭議案中涉及商業秘密侵權問題的函 【勞社廳函[1999]69號 1999-07-07】

河南省勞動廳：

你廳《關於勞動爭議案中商業秘密侵權問題的請示》（豫勞函[1999]20號）收悉。經研究，現函復如下：

一、《中華人民共和國反不正當競爭法》第二十條第一款規定了被侵害的經營者的損失難以計算時，確定侵權人的賠償專案；第二款規定了被侵害的經營者的合法權益受到侵害，可以向人民法院提起訴訟。原勞動部《違反〈勞動法〉有關勞動合同規定的賠償辦法》（勞部發[1995]223號）第五、六條關於按《反不正當競爭法》第二十條規定執行的含義，是指適用第一款的規定。

二、勞動合同中如果明確約定了有關保守商業秘密的內容，由於勞動者未履行，造成用人單位商業秘密被侵害而發生勞動爭議，當事人向勞動爭議仲裁委員會申請仲裁的，仲裁委員會應當受理，並依據有關規定和勞動合同的約定作出裁決。

▶ 預防勞動爭議

　　企業與員工發生勞動爭議，不管問題出在哪一方，也不管最後處理結果誰勝訴誰敗訴，對企業來說，都不是一件值得提倡的事情。只要發生一起勞動爭議，對會對企業產生一定的影響，損害勞動權益。爭議越多，影響就越大，對勞動權益的損害也就越大。因此，應當積極預防勞動爭議。

勞動爭議預防的概念及特點

　　勞動爭議預防，是指事先採取各種有效措施，積極防範和制止勞動爭議發生的活動。勞動爭議預防是在勞動爭議發生之前所採取的不讓勞動爭議發生的措施，它與勞動爭議處理相比，是一種解決勞動爭議糾紛的前置活動，即爭議發生前的制約。勞動爭議發生的社會原因決定勞動爭議作為勞動關係運行過程中的產物，它的發生有其客觀性；但是，勞動爭議發生的主觀原因決定在勞動關係中，只要當事人雙方發揮主觀能動性，採取積極的措施，就可以化解和消除勞動關係雙方的矛盾，達到防止勞動爭議發生和擴大的目的。勞動爭議預防對勞動關係雙方來說，都是一種義務，都有責任不讓勞動爭議發生。

　　勞動爭議預防具有防範性、綜合性、針對性、多樣性的特徵。

1.防範性，是指預防勞動爭議就是要在容易發生勞動爭議的事項上事先採取措施，阻止爭議的發生。

2.綜合性，是指勞動爭議預防不是一件單獨的工作，他要與企業生產經營等結合起來一起進行，勞動爭議預防也不是哪一個部門和幾個管理人員的事情，而是全體員工的事情，是一個系統工程，要綜合治理。

3.針對性，是指要根據勞動爭議產生的原因、規律有重點地做好工作，有的放矢地採取措施。

4.多樣性，是指預防勞動爭議的方法途徑要不拘一格，不搞單一，點面結合，上下協調，左右配合。

勞動爭議預防的意義

勞動爭議預防，對於從源頭上控制爭議發生，保持勞動關係的和諧穩定，維持企業的勞動權益，促進企業的發展和維護社會的安定，都具有重要的意義。從保護勞動權益的觀點看，具體有以下幾點：

（1）防止和減少對勞動權益的損害

這是勞動爭議預防最直接、最現實的意義。因為任何一起勞動爭議的發生，都會給企業勞動權益帶來不同程度的危害。因此，通過採取預防措施，避免和控制勞動爭議的發生，或者儘量減少勞動爭議的發生，就可以避免和減少對企業勞動權益的損害。

（2）保持勞動關係的和諧穩定

勞動爭議本身就是勞動關係不和諧的表現，爭議一旦發生又會加劇勞動關係的不和諧和不穩定。因為雙方在權利和利益上出現矛盾，各持己見，形成對立，直接影響到勞動關係的和諧穩定和協調

發展，如果解決不及時或不妥當，往往會激化矛盾。企業採取積極措施，預防勞動爭議的發生，就可以緩和矛盾，消除對立，保持勞動關係的和諧穩定。

（3）促進企業發展

勞動爭議一旦發生，勞動關係雙方在感情上疏遠，勞動者的勞動積極性下降，勞動爭議處理過程中，企業和勞動者都要付出一定的時間和精力，因此，會不同程度影響到企業的生產經營和發展。如果能預先採取有效的措施，避免和減少勞動爭議發生，就可以使勞動者一直保持旺盛的勞動積極性，保證企業生產經營正常、持續高速進行，從而促進企業的發展。

（4）減輕企業和員工的負擔

勞動爭議對企業和員工來說，都會帶來雙重負擔：一是精神負擔。勞動爭議發生後能否順利解決、公正解決，企業和員工都會在心理上有一定壓力，如果勞動關係繼續維持，雙方都會產生防備之心。二是費用負擔。不管誰輸誰贏，都要支付仲裁費、訴訟費，以及律師代理費。如果通過預防，避免勞動爭議的發生，就能減輕企業和員工的負擔，從而以更充沛的精力投入到生產和工作中。

（5）維護社會安定

這是預防勞動爭議的社會意義。企業是社會的細胞，勞動關係是重要的社會關係，勞動爭議頻繁發生，企業或勞動者權益受到損害，危及到勞動關係的和諧穩定，而勞動關係的混亂和無序，又會殃及社會關係，影響到社會的安定，特別是人數較多的重大集體勞動爭議，更會對社會安定帶來危害，只要能有效預防勞動爭議發生，保持勞動關係和諧穩定，就可以為社會安定奠定基礎。

勞動爭議的可預防性

積極預防勞動爭議，必須認識到勞動爭議並非不可避免，而是具有可預防性。勞動爭議是勞動雙方在勞動權利和利益問題上持不同主張而產生的矛盾，他和任何爭議一樣，都有自身的原因、特點和規律，因此，完全可以預見到，也能夠掌握。這就表明，勞動爭議具有可預防性。

（1）勞動爭議屬非對抗性矛盾

勞動關係雙方雖然在勞動權利和利益上出發點不同，取向也有差異，但確有著共同的目標，各自的小目標都是在大目標一致的基礎上產生的，因而只要用大目標來統一雙方的認識，化解雙方的分歧，完全可以把矛盾消除。這就是說，勞動關係雙方沒有根本的利益衝突，雙方之間在權利義務上出現的某些矛盾屬於非對抗性的。既然屬於非對抗性矛盾，就可以採取積極措施進行預防。

（2）勞動爭議發生有一個過程

在勞動關係中，主體雙方認識上的分歧並不一定會發生爭議，只是到了矛盾不能合理解決時才會產生爭執，因此，任何勞動爭議的發生都有一個過程。在這個過程中，只要雙方都能從大局出發，主動糾正錯誤，相互諒解，通過協商調解，取得共識，就會避免矛盾進一步擴大，進而防止爭議的發生。

（3）勞動爭議有自身明顯的特點

所謂特點，即一事物與他事物的不同點。勞動爭議和其他爭議或其他矛盾相比，有自身明顯的特徵，主要表現為主體特定，即產生勞動爭議的是建立勞動關係的用人單位和勞動者；內容特定，即只能是在勞動過程中的權利和義務：當事人之間既具有平等關係，

又具有隸屬關係等。這就決定了勞動爭議有其發生的原因和規律，只要掌握了這些特點，就可以掌握預防勞動爭議發生的主動權。

（4）勞動爭議具有非自願性

勞動爭議作為勞動關係運行過程中的一種矛盾糾紛，雖然具有客觀性，但對勞動關係當事人雙方來說，一旦發生，就會帶來損害，所以都不願發生這種爭議。因此，它本身具有非自願性。這就決定了勞動關係雙方都有強烈的預防勞動爭議發生的主觀願望，只要採取有效措施，符合勞動關係雙方的利益就能使雙方共同攜手，做好勞動爭議預防工作。

勞動爭議預防的原則

勞動爭議預防的原則，是指企業在預防勞動爭議活動中應當遵循得些基本準則，主要有：

（1）積極預防的原則

積極既是一種優良的工作態度，又是一種及時的具體行動。預防勞動爭議不能消極防範，而要採取積極的措施。積極預防包括兩層含意：一事要充分認識勞動爭議的重要性和必要性，從思想上增強預防勞動爭議的自覺性；二是要及時主動做好工作，要在勞動關係矛盾未出現前就採取措施，不讓矛盾產生，一旦發現苗頭，就立即解決，把爭議消滅在萌芽狀態。

（2）普遍預防和重點預防相結合的原則

在企業內部，既要普遍進行勞動法律、法規知識教育，提高員工的法律素質，完善各種制度，從全局上堵塞漏洞，預防發生勞動爭議；又要著重抓住易於發生勞動爭議的某些事項、某一類人員，採取重點的措施進行防範。這樣，做到既有面也有點，既有廣度也

有深度，才能收到好的效果。

（3）群管群防的原則

預防和處理勞動爭議不同，不能靠某幾個人或個別部門，而是要靠全體員工，靠企業的各種組織系統，要把各方面的積極因素都調動起來，按照組織體系、部門職能分工，並通過各種方式來做好預防勞動爭議的工作，群策群力，形成整體效應。

（4）依法預防的原則

法律、法規是規範人們行為的準則，是指引各項工作的指標，預防勞動爭議是一項嚴肅的工作，要豎立科學的態度，不能壓、不能哄，只有依照有關法律法規和政策進行。這樣，才能從根本上起到控制勞動爭議發生的作用，勞動爭議預防工作才能獲得長期穩定的效果。

勞動爭議預防的措施

勞動爭議預防措施，是指企業為了防止勞動爭議發生而採取的一系列辦法和手段，包括教育、制度、管理、協調等。具體有以下幾個方面：

（1）大力開展勞動法制教育

預防勞動爭議，首先要大力發展勞動法治宣傳教育，增強勞動法律意識。勞動。勞動法律意識是人們對勞動法律的認識和反應。勞動法律意識增強了，執行勞動法的自覺性也就提高了，在勞動過程中，就會自覺地學習和貫徹執行勞動法律法規，依法規範和約束自己的行為，不做違法的事情。這樣，勞動關係的一方就不會侵犯另一方的勞動權益，從而避免勞動爭議的發生。

（2）加強勞動合同管理

　　勞動關係雙方的權利義務一般都在勞動合同中約定,並通過合同條款體現出來,因此,加強勞動合同管理對於欲發生勞動爭議十分重要。加強勞動合同管理主要有兩個方面內容:一是簽訂勞動合同要符合法律規定,做到平等自願、協商一致、內容全面、語言表達準確,不要在合同中埋下發生糾紛的隱患。二是勞動合同的履行、變更、解除、終止及續訂,都要按照法律的程式和要求辦理,不能違法和違反合同。

(3)建立平等協商機制

　　平等協商,是指勞動關係雙方根據一定的辦事規則和程式,通過特定的形式,開展對話、協商,形成共同參與決定、相互影響、相互促進、相互制衡的一種制度。其實質是在勞動關係運行中實行雙方權利分享、共同協商、消除誤解、增進瞭解、取得共識、減少爭議。對於工資分配、工作時間、勞動條件、工作崗位等容易產生矛盾和誤會的問題,企業和員工通過平等協商,達到互相信任、相互理解、取得共識,從而避免發生勞動爭議。

(4)完善企業民主管理制度

　　所謂企業民主管理,是指企業員工依法參與企業的生產和菁英管理,監督企業經營者和管理者的活動。企業民主管理制度可以根據企業的性質採取不同的方式,但不管哪一種方式,都可以預防勞動爭議的發生。實行企業民主管理制度,一方面可以激發員工的主人翁責任感,主動關心企業的發展;另一方面可以保證企業的重大決策能代表職工的意志和利益,密切勞資雙方的關係。同時,還可以對企業執行法律法規的情況進行監督,制約企業行為,以防止和減少勞動爭議發生。

（5）及時處理勞動關係中的問題

在勞動關係運行過程中，企業和員工之間在權利和利益問題上，總會出現這樣那樣的問題，這些問題一開始並不是爭議，但如果得不到及時處理，就有可能轉化為勞資雙方的矛盾，或間接引發爭議。例如，企業的某項制度已經過時，或與現行的法律法規有矛盾，就應當及時修改，不能繼續使用。員工對企業的勞動條件或工資分配辦法不滿意，企業就應即時採取措施，改善勞動條件，修訂工資分配方案，以避免員工的意見長時間得不到回應，形成對企業不信任、不滿意而產生矛盾，引發勞動爭議。

案例1　勞動者可以選擇仲裁機構嗎？

【案情】

某年，在北京登記註冊的某公司在南京、廣州等城市分別設立了辦事處。其中，南京辦事處首先成立。當時，公司陸用了幾名南京籍員工，簽訂了兩年的勞動合同，其中趙某被聘為南京辦事處副主任。後來，由於趙某在工作中表現出色，受到了某公司北京總部的賞識。當兩年勞動合同期滿時，趙某被公司經理召到北京總部，告知由於他這兩年出色的表現，公司決定提升他為廣州辦事處主任。當然，同時要免去他在南京辦事處副主任的職務。另外，他的工資由總部每月從北京寄給他。趙某表示同意，人力資源部經理便在他的那份勞動合同中寫上了"工作崗位：廣州辦事處主任"幾個字。趙某在廣州工作期間，與公司之間發生了一些勞動糾紛。經由與公司反覆協商，仍不能達成一致意見，趙某想申請仲裁解決。公司

的律師聲稱該公司在趙某的勞動合同中有約定，一但發生勞動爭議，由北京市所轄的勞動爭議仲裁委員會進行仲裁。趙某承認有類似約定，但不想讓北京的勞動爭議仲裁委員會解決勞動爭議，該怎麼辦？

【評析】

　　這起勞動爭議案件中，我們發現這個案子涉及的地區確實比較多，趙某家住南京市，與北京市的某公司簽訂勞動合同，合同約定的仲裁地是北京市。而趙某最後工作地點卻在廣州市……究竟哪個地區的仲裁委員會對此案有管轄權？此案涉及勞動爭議的管轄問題。《企業勞動爭議處理條例》（以下簡稱《條例》）第十七條規定：「縣、市、市轄區仲裁委員會負責本行政區域內發生的勞動爭議。「由此可見，勞動爭議案件的管轄一般是由發生勞動爭議的企業所在地仲裁委員會受禮。但是有幾種管轄的情況：

（1）《條例》第十八條規定：「發生勞動爭議的企業與職工不在同一個仲裁委員會管轄地區的，由職工當事人工資關系所在地的仲裁委員會處理。」這樣規定主要是方便職工當事人提出申訴。

（2）　根據勞動部《關於涉外勞動爭議管轄權問題復函》（勞部發[1994]42號）規定，中國公民與境外企業簽訂合同，如果履行地在中國境內，發生爭議後由合同履行地仲裁委員會受這種情況企業所在地在國（境）外，無法由大陸的勞動爭議仲裁委員會管轄。因此為保護中方職工的合法權益，在管轄方面採取由中國境內的合同履行地仲裁委員會處理的原則。

（3）　根據勞動部《關於勞動爭議管轄權問題復函》（勞部發[1995]209號）規定勞動者工資關系與履行合同的場所不在同一地區

的，可以按照方便勞動者的原則，由勞動合同履行受理，也可以由勞動合同中約定的仲裁委員會受理。本案應適用於勞部發[1995]209號文件的規定。該文件規定，職工工資關系所在地與勞動合同的履行地不在同一省（市）的，可以比照《中華人民共和國民事訴訟法》有關規定，按因履行合同發生的糾紛由合同簽訂地或履行地人民法院管轄的原則，由勞動合同履行地的勞動爭議仲裁委員會管轄，也可以由勞動關系雙方當事人在勞動合同有關仲裁條款中約定的勞動爭議仲裁委員會管轄。

根據這一文件規定，由於本案趙某的工資關系所在地是北京市，勞動合同履行地是廣州市，勞動合同約定的仲裁管轄地是北京市，所以北京市、廣州市的勞動爭議仲裁委員會對此案都有管轄權；雖然趙某是南京市人，但爭議發生時，其與南京辦事處已沒有任何關系，故南京市的勞動爭議仲裁委員會對該勞動爭議沒有管轄權。因此趙某可以到北京市或廣州市的勞動爭議仲裁委員會申請仲裁。

案例2 達成調解協議後可以反悔嗎？

【案情】

劉某在5年合同期內，由於不安心公司工作，被公司辭退。劉某對此不服，向某勞動爭議仲裁委員會申請仲裁。仲裁委員會受理了這一案件，並組成仲裁庭先行調解。劉某考慮在某副食品公司經濟收入不高，於是與副食品公司達成解除勞動合同、公司補發辭退期間的工資、仲裁費雙方負擔的調解協議，並在調解協議書上簽字。後來，某副食品公司效益明顯增加，於是劉某又找仲裁委員會要求

仲裁，請求恢復與副食品公司的勞動合同，結果被仲裁委員駁回，劉某又起訴到人民法院。

【評析】

《企業勞動爭議處理條例》第28條規定，調解達成協議的，仲裁庭應當根據協議內容製作調解書，調解書自送達之日起具有法律效力。可見，仲裁程式上的調解協議，一經雙方簽字後即產生法律效力，即當事人不能再申請仲裁裁決，也不能再向法院起訴，與企業勞動爭議調解委員會的調解不完全一樣。本案中，劉某在仲裁程式上與副食品公司達成調解協議，並在調解協議書上簽字，仲裁委員會與人民法院就不再受理。

12 外商投資 》

外國人在中國就業管理規定

（1996年1月22日勞動部、公安部、外交部、外經貿部發佈）

第一章　　總　則

◉ 第一條

為加強外國人在中國就業的管理，根據有關法律、法規的規定，制定本規定。

◉ 第二條

本規定所稱外國人，指依照《中華人民共和國國籍法》規定不具有中國國籍的人員。本規定所稱外國人在中國就業，指沒有取得定居權的外國人在中國境內依法從事社會勞動並獲取勞動報酬的行為。

◉ 第三條

本規定適用於在中國境內就業的外國人和聘用外國人的用人單位。本規定不適用於外國駐華使、領館和聯合國駐華代表機構、其他國際組織中享有外交特權與豁免的人員。

◉ 第四條

各省、自治區、直轄市人民政府勞動行政部門及其授權的地市級勞動行政部門負責外國人在中國就業的管理。

第二章　　就業許可

◉ 第五條

用人單位聘用外國人須為該外國人申請就業許可，經獲准並取得《中

華人民共和國外國人就業許可證書》(以下簡稱許可證書)後方可聘用。

◉ 第六條

用人單位聘用外國人從事的崗位元應是有特殊需要，國內暫缺適當人選，且不違反國家有關規定的崗位。用人單位不得聘用外國人從事營業性文藝演出，但符合本規定第九條第三項規定的人員除外。

◉ 第七條

外國人在中國就業須具備下列條件：

(一)年滿18周歲，身體健康；

(二)具有從事其工作所必須的專業技能和相應的工作經歷；

(三)無犯罪記錄；

(四)有確定的聘用單位；

(五)持有有效護照或能代替護照的其他國際旅行證件(以下簡稱代替護照的證件)。

◉ 第八條

在中國就業的外國人應持職業簽證入境(有互免簽證協定的，按協定辦理)，入境後取得《外國人就業證》(以下簡稱就業證)和外國人居留證件，方可在中國境內就業。

未取得居留證件的外國人(即持F、L、C、G字簽證者)、在中國留學、實習的外國人及持職業簽證外國人的隨行家屬不得在中國就業。特殊情況，應由用人單位按本規定規定的審批程式申領許可證書，被聘用的外國人憑許可證書到公安機關改變身份，辦理就業證、居留證後方可就業。

外國駐中國使、領館和聯合國系統、其他國際組織駐中國代表機構人員的配偶在中國就業，應按《中華人民共和國外交部關於外國駐

中國使領館和聯合國系統組織駐中國代表機構人員的配偶在中國任職的規定》執行，並按本條第二款規定的審批程式辦理有關手續。

許可證書和就業證由勞動部統一製作。

◉ 第九條

凡符合下列條件之一的外國人可免辦就業許可和就業證：

(一)由我國政府直接出資聘請的外籍專業技術和管理人員，或由國家機關和事業單位出資聘請，具有本國或國際權威技術管理部門或行業協會確認的高級技術職稱或特殊技能資格證書的外籍專業技術和管理人員，並持有外國專家局簽發的《外國專家證》的外國人；

(二)持有《外國人在中華人民共和國從事海上石油作業工作準證》從事海上石油作業、不需登陸、有特殊技能的外籍勞務人員；(三)經文化部批准持《臨時營業演出許可證》進行營業性文藝演出的外國人。

◉ 第十條

凡符合下列條件之一的外國人可免辦許可證書，入境後憑職業簽證及有關證明直接辦理就業證：

(一)按照我國與外國政府間、國際組織間協定、協定，執行中外合作交流專案受聘來中國工作的外國人；

(二)外國企業常駐中國代表機構中的首席代表、代表。

第三章　　申請與審批

◉ 第十一條

用人單位聘用外國人，須填寫《聘用外國人就業申請表》（以下簡稱申請表），向其與勞動行政主管部門同級的行業主管部門(以下簡稱行業主管部門)提出申請，並提供下列有效檔：

(一)擬聘用外國人履歷證明；

(二)聘用意向書；

(三)擬聘用外國人原因的報告；

(四)擬聘用的外國人從事該項工作的資格證明；

(五)擬聘用的外國人健康狀況證明；

(六)法律、法規規定的其他檔。

行業主管部門應按照本規定第六條、第七條及有關法律、法規的規定進行審批。

● 第十二條

經行業主管部門批准後，用人單位應持申請表到本單位所在地區的省、自治區、直轄市勞動行政部門或其授權的地市級勞動行政部門辦理核准手續。省、自治區、直轄市勞動行政部門或授權的地市級勞動行政部門應指定專門機構(以下簡稱發證機關)具體負責簽發許可證書工作。發證機關應根據行業主管部門的意見和勞動力市場的需求狀況進行核准，並在核准後向用人單位簽發許可證書。

● 第十三條

中央級用人單位、無行業主管部門的用人單位聘用外國人，可直接到勞動行政部門發證機關提出申請和辦理就業許可手續。

外商投資企業聘雇外國人，無須行業主管部門審批，可憑合同、章程、批准證書、營業執照和本規定第十一條所規定的檔直接到勞動行政部門發證機關申領許可證書。

● 第十四條

獲准聘用外國人的用人單位，須由被授權單位向擬聘用的外國人發出通知簽證函及許可證書，不得直接向擬聘用的外國人發出許可證書。

◉ 第十五條

獲准來中國就業的外國人，應憑勞動部簽發的許可證書、被授權單位的通知函電及本國有效護照或能代替護照的證件，到中國駐外使、領館、處申請職業簽證。

凡符合本規定第九條第一項規定的人員，應憑被授權單位的通知函電申請職業簽證；凡符合第九條第二項規定的人員，應憑中國海洋石油總公司簽發的通知函電申請職業簽證；凡符合第九條第三項規定的人員，應憑有關省、自治區、直轄市人民政府外事辦公室的通知函電和文化部的批件（徑發有關駐外使、領館、處)申請職業簽證。

凡符合本規定第十條第一款規定的人員，應憑被授權單位的通知函電和合作交流項目書申請職業簽證；凡符合第十條第二項規定的人員，應憑被授權單位的通知函電和工商行政管理部門的登記證明申請職業簽證。

◉ 第十六條

用人單位應在被聘用的外國人入境後15日內，持許可證書、與被聘用的外國人簽訂的勞動合同及其有效護照或能代替護照的證件到原發證機關為外國人辦理就業證，並填寫《外國人就業登記表》。

就業證只在發證機關規定的區域內有效。

◉ 第十七條

已辦理就業證的外國人，應在入境後30日內，持就業證到公安機關申請辦理居留證。居留證件的有效期限可根據就業證的有效期確定。

第四章　勞動管理

◉ 第十八條

用人單位與被聘用的外國人應依法訂立勞動合同。勞動合同的期限最

長不得超過五年。勞動合同期限屆滿即行終止，但按本規定第十九條
的規定履行審批手續後可以續訂。

◉ 第十九條

被聘用的外國人與用人單位簽訂的勞動合同期滿時，其就業證即行失
效。如需續訂，該用人單位應在原合同期滿前30日內，向勞動行政
部門提出延長聘用時間的申請，經批准並辦理就業證延期手續。

◉ 第二十條

外國人被批准延長在中國就業期限或變更就業區域、單位後，應在
10日內到當地公安機關辦理居留證件延期或變更手續。

◉ 第二十一條

被聘用的外國人與用人單位的勞動合同被解除後，該用人單位應及時
報告勞動、公安部門，交還該外國人的就業證和居留證件，並到公安
機關辦理出境手續。

◉ 第二十二條

用人單位支付所聘用外國人的工資不得低於當地最低工資標準。

◉ 第二十三條

在中國就業的外國人的工作時間、休息、休假勞動安全衛生以及社會
保險按國家有關規定執行。

◉ 第二十四條

外國人在中國就業的用人單位必須與其就業證所注明的單位相一致。

外國人在發證機關規定的區域內變更用人單位但仍從事原職業的，須
經原發證機關批准，並辦理就業證變更手續。

外國人離開發證機關規定的區域就業或在原規定的區域內變更用人單
位且從事不同職業的，須重新辦理就業許可手續。

◉ 第二十五條

因違反中國法律被中國公安機關取消居留資格的外國人，用人單位應

解除勞動合同，勞動部門應吊銷就業證。

◉ 第二十六條

用人單位與被聘用的外國人發生勞動爭議，應按照《中華人民共和國勞動法》和《中華人民共和國企業勞動爭議處理條例》處理。

◉ 第二十七條

勞動行政部門對就業證實行年檢。用人單位聘用外國人就業每滿1年，應在期滿前30日內到勞動行政部門發證機關為被聘用的外國人辦理就業證年檢手續。逾期未辦的，就業證自行失效。

外國人在中國就業期間遺失或損壞其就業證的，應立即到原發證機關辦理掛失、補辦或換證手續。

第五章　　罰則

◉ 第二十八條

對違反本規定未申領就業證擅自就業的外國人和未辦理許可證書擅自聘用外國人的用人單位，由公安機關按《中華人民共和國外國人入境出境管理法實施細則》第四十四條處理。

◉ 第二十九條

對拒絕勞動行政部門檢查就業證、擅自變更用人單位、擅自更換職業、擅自延長就業期限的外國人，由勞動行政部門收回其就業證，並提請公安機關取消其居留資格。對需該機關遣送出境的，遣送費用由聘用單位或該外國人承擔。

◉ 第三十條

對偽造、塗改、冒用、轉讓、買賣就業證和許可證書的外國人和用人單位，由勞動行政部門收繳就業證和許可證書，沒收其非法所得，並

處以1萬元以上10萬元以下的罰款；情節嚴重構成犯罪的，移送司法機關依法追究刑事責任。

● 第三十一條

發證機關或者有關部門的工作人員濫用職權、非法收費、徇私舞弊，構成犯罪的，依法追究刑事責任；不構成犯罪的，給予行政處分。

第六章　　附則

● 第三十二條

中國的臺灣和香港、澳門地區居民在內地就業按《臺灣和香港、澳門居民在內地就業管理規定》執行。

● 第三十三條

外國人在中國的臺灣和香港、澳門地區就業不適用本規定。

● 第三十四條

禁止個體經濟組織和公民個人聘用外國人。

● 第三十五條

省、自治區、直轄市勞動行政部門可會同公安等部門依據本規定制定本地區的實施細則，並報勞動部、公安部、外交部、對外貿易經濟合作部備案。

● 第三十六條

本規定由勞動部解釋。

● 第三十七條

本規定自1996年5月1日起施行。原勞動人事部和公安部1987年10月5日發佈的《關於未取得居留證件的外國人和來中國留學的外國人在中國就業的若干規定》同時廢止。

臺灣和香港、澳門居民在內地就業管理規定

中華人民共和國勞動和社會保障部令（第26號）

《臺灣香港澳門居民在內地就業管理規定》已於2005年6月2日經勞動和社會保障部第10次部務會議通過，現予公佈，自2005年10月1日起施行。

部長 鄭斯林

二〇〇五年六月十四日

◉ 第一條

為維護臺灣居民、香港和澳門居民中的中國公民（以下簡稱台、港、澳人員）在內地就業的合法權益，加強內地用人單位聘雇台、港、澳人員的管理，根據《中華人民共和國勞動法》和有關法律、行政法規，制定本規定。

◉ 第二條

本規定適用於在內地就業的台、港、澳人員和聘雇或者接受被派遣台、港、澳人員的內地企業事業單位、個體工商戶以及其他依法登記的組織（以下簡稱用人單位）。

臺灣、香港、澳門地區專家在內地就業的管理，國家另有規定的，從其規定。

◉ 第三條

本規定所稱在內地就業的台、港、澳人員，是指：

（一）與用人單位建立勞動關係的人員；

（二）在內地從事個體經營的香港、澳門人員；

（三）與境外或台、港、澳地區用人單位建立勞動關係並受其派遣到內地一年內（西曆年1月1日起至12月31日止）在同一用人單位累計工作三個月以上的人員。

◉ 第四條

台、港、澳人員在內地就業實行就業許可制度。用人單位擬聘雇或者接受被派遣台、港、澳人員的，應當為其申請辦理《台港澳人員就業證》（以下簡稱就業證）；香港、澳門人員在內地從事個體工商經營的，應當由本人申請辦理就業證。經許可並取得就業證的台、港、澳人員在內地就業受法律保護。

用人單位聘雇或者接受被派遣台、港、澳人員，實行備案制度。

就業證由勞動保障部統一印製。

◉ 第五條

用人單位聘雇或者接受被派遣台、港、澳人員，應當遵守國家的法律、法規。

◉ 第六條

用人單位擬聘雇或者接受被派遣的台、港、澳人員，應當具備下列條件：

（一）年齡18至60周歲(直接參與經營的投資者和內地急需的專業技術人員可超過60周歲)；

（二）身體健康；

（三）持有有效旅行證件（包括內地主管機關簽發的臺灣居民來往大陸通行證、港澳居民往來內地通行證等有效證件）；

（四）從事國家規定的職業（技術工種）的，應當按照國家有關規定，具有相應的資格證明；

（五）法律、法規規定的其他條件。

◉ 第七條

用人單位為台、港、澳人員在內地就業申請辦理就業證，應當向所在地的地（市）級勞動保障行政部門提交《臺灣香港澳門居民就業申請表》和下列有效文件：

（一）用人單位營業執照或登記證明；

（二）擬聘雇或者接受被派遣人員的個人有效旅行證件；

（三）擬聘雇或者接受被派遣人員的健康狀況證明；

（四）聘雇意向書或者任職證明；

（五）擬聘雇人員從事國家規定的職業（技術工種）的，提供擬聘雇人員相應的職業資格證書；

（六）法律、法規規定的其他檔。

◉ 第八條

勞動保障行政部門應當自收到用人單位提交的《臺灣香港澳門居民就業申請表》和有關文件之日起10個工作日內作出就業許可決定。對符合本規定第六條規定條件的，准予就業許可，頒發就業證；對不符合本規定第六條規定條件不予就業許可的，應當以書面形式告知用人單位並說明理由。

◉ 第九條

用人單位應當持就業證到頒發該證的勞動保障行政部門辦理聘雇台、港、澳人員登記備案手續。

◉ 第十條

香港、澳門人員在內地從事個體工商經營的，由本人持個體經營執照、健康證明和個人有效旅行證件向所在地的地（市）級勞動保障行政部門申請辦理就業證。勞動保障行政部門應當自收到香港、澳門人員提交的文件之日起5個工作日內辦理。

◉ 第十一條

用人單位與聘雇的台、港、澳人員應當簽訂勞動合同,並按照《社會保險費征繳暫行條例》的規定繳納社會保險費。

◉ 第十二條

用人單位與聘雇的台、港、澳人員終止或者解除勞動合同,或者被派遣台、港、澳人員任職期滿的,用人單位應當自終止、解除勞動合同或者台、港、澳人員任職期滿之日起10個工作日內,到原發證機關辦理就業證註銷手續。

在內地從事個體工商經營的香港、澳門人員歇業或者停止經營的,應當在歇業或者停止經營之日起30日內到頒發該證的勞動保障行政部門辦理就業證註銷手續。

◉ 第十三條

就業證遺失或損壞的,用人單位應當向頒發該證的勞動保障行政部門申請為台、港、澳人員補發就業證。

◉ 第十四條

台、港、澳人員的就業單位應當與就業證所注明的用人單位一致。用人單位變更的,應當由變更後的用人單位到所在地的地(市)級勞動保障行政部門為台、港、澳人員重新申請辦理就業證。

◉ 第十五條

用人單位與聘雇的台、港、澳人員之間發生勞動爭議,依照國家有關勞動爭議處理的規定處理。

◉ 第十六條

用人單位聘雇或者接受被派遣台、港、澳人員,未為其辦理就業證或未辦理備案手續的,由勞動保障行政部門責令其限期改正,並可以處1000元罰款。

◉ 第十七條

用人單位與聘雇台、港、澳人員終止、解除勞動合同或者台、港、澳人員任職期滿，用人單位未辦理就業證登出手續的，由勞動保障行政部門責令改正，並可以處1000元罰款。

◉ 第十八條

用人單位偽造、塗改、冒用、轉讓就業證的，由勞動保障行政部門責令其改正，並處1000元罰款，該用人單位一年內不得聘雇台、港、澳人員。

◉ 第十九條

本規定自2005年10月1日起施行。原勞動部1994年2月21日頒佈的《臺灣和香港、澳門居民在內地就業管理規定》同時廢止。

 # 外商投資企業勞動管理規定

勞動部、對外貿易經濟合作部關於印發《外商投資企業勞動管理規定》的通知

（勞部發〔1994〕246號）

◉ 第一條

為了保障外商投資企業（以下簡稱企業）及其職工的合法權益，確立、維護和發展企業與職工之間穩定和諧的勞動關係，根據國家法律、行政法規，制定本規定。

◉ 第二條

本規定適用於中華人民共和國境內設立的中外合資經營企業、中外合

作經營企業、外資企業、中外股份有限公司及其職工。

◉ 第三條

縣及縣以上各級人民政府的勞動行政部門依據本規定,對企業的用人、培訓、工資、保險福利待遇和勞動安全衛生等實行監察。

◉ 第四條

企業制定的規章制度,不得違反國家的法律、行政法規。

◉ 第五條

企業按照國家有關法律、行政法規,自主決定招聘職工的時間、條件、方式、數量。

企業招聘職工,可在企業所在地的勞動部門確認的職業介紹中心(所)招聘。經當地勞動行政部門同意,也可以直接或跨地區招聘。

企業不得招聘未解除勞動關係的職工。禁止使用童工。

◉ 第六條

企業招聘職工時,應當在中國境內招聘中方職工;確需招聘外籍及臺灣、香港、澳門地區人員的,必須按照國家有關規定,經當地勞動行政部門批准,並辦理就業證等有關手續。

◉ 第七條

企業應當建立職業培訓制度,對職工進行職業培訓。對從事技術工種或有特殊技能要求的職工,須經過培訓後,持證上崗。培訓經費須按照國家有關規定提取和使用。

◉ 第八條

勞動合同由職工個人同企業以書面形式訂立。工會組織(沒有工會組織的應選舉工人代表)可以代表職工與企業就勞動報酬、工時休假、勞動安全衛生、保險福利等事項,通過協商談判,訂立集體合同。

勞動合同、集體合同的內容,應符合國家有關法律、行政法規。

集體合同訂立後，應報送當地勞動行政部門備案。勞動行政部門自收到之日起15日內未提出異議的，集體合同即行生效。

◉ 第九條

勞動合同簽定後，應當於一個月前到當地勞動行政部門鑑證。

◉ 第十條

勞動合同期滿或雙方約定的終止條件出現，勞動合同即行終止。經雙方同意，可以續訂勞動合同。

勞動合同變更需經雙方協商同意，並辦理勞動合同變更手續。勞動合同變更內容，可由勞動合同雙方商定。

◉ 第十一條

有下列情形之一的，企業或職工可以解除勞動合同：

（一）勞動合同當事人協商一致；

（二）試用期內不符合錄用條件、職工不履行勞動合同、嚴重違反勞動紀律和企業依法制定的規章制度，以及被勞動教養或被判刑的，企業可以解除勞動合同；

（三）企業以暴力、威脅、監禁或者其他妨害人身自由的手段強迫勞動；企業不履行勞動合同或者違反國家法律、行政法規，侵害職工合法權益的，職工可以解除勞動合同。

◉ 第十二條

有下列情形之一的，企業在徵求工會意見後，可以解除勞動合同，但應提前30日以書面形式通知職工本人：

（一）職工患病或非因工負傷，醫療期滿後，不能從事原工作或不能從事由企業另行安排的工作的；

（二）職工經過培訓、調整工作崗位，仍不能勝任工作的；

（三）勞動合同訂立時所依據的客觀情況發生變化，致使原勞動合同

無法履行，經雙方協商不能就變更勞動合同達成協議的；

（四）法律、行政法規規定的其他情形。

◉- 第十三條

職工患職業病或因工負傷並被確認喪失或部分喪失勞動能力的，職工患病在規定的醫療期內的，女職工在孕期、產期、哺乳期內的，用人單位不得解除勞動合同。因患職業病或因工致殘的職工，若本人要求解除勞動合同，企業應按當地政府規定，向社會保險機構繳納因工致殘就業安置費。

職工患病或非因工負傷的醫療期限按現行規定執行。

◉- 第十四條

企業的工資分配，應實行同工同酬的原則。職工工資水準應在企業經濟發展的基礎上逐年提高。企業職工的工資水準由企業根據當地人民政府或勞動行政部門發佈的工資指導線，通過集體談判確定。

職工法定工作時間內的最低工資，不得低於當地最低工資標準。

◉- 第十五條

企業必須以貨幣形式按時足額支付職工工資，每月至少要支付一次，並為職工代扣、代繳個人所得稅。

◉- 第十六條

企業應當按照有關規定進行勞動工資統計，並向所在地區勞動行政部門、財政部門及統計部門和企業主管部門報送勞動工資統計報表。

◉- 第十七條

企業必須按照國家有關規定參加養老、失業、醫療、工傷、生育等社會保險，按照地方人民政府規定的標準，向社會保險機構按時、足額繳納社會保險費。保險費應按照國家規定列支。職工個人也應按照有關規定繳納養老保險費。

● 第十八條

企業應當建立職工《勞動手冊》和《養老保險手冊》制度，記錄職工的工齡、工資及養老、失業、工傷、醫療等社會保險費用的繳納與支付情況。

● 第十九條

企業對依照本規定第十一條第一、三款、第十二條規定解除勞動合同的職工，應當一次性發給生活補助費。對依照本規定第十二條一款規定解除勞動合同的，除發給生活補助費外，還應當發給醫療補助費。

● 第二十條

生活補助費和醫療補助費標準，根據其在本企業的工作年限計算。生活補助費按照每滿1年發給相當本人1個月的實得工資；醫療補助費按在本企業工作不滿5年的，發給相當本人3個月的實得工資，5年以上的為6個月實得工資。在本企業工作6個月以上不滿1年的，按1年計算。

生活補助費和醫療補助費計發基數，按本人解除勞動合同前半年月平均實得工資計算。

● 第二十一條

企業按照有關規定宣佈解散或經雙方協商同意解除勞動合同時，對因工負傷、或者患職業病經醫院證明正在治療或療養、以及醫療終結經勞動鑑定委員會確認為完全或者部分喪失勞動能力的職工，享受撫恤待遇的因工死亡職工遺屬，在孕期、產期和哺乳期的女職工，以及未參加各項社會保險的職工，應當根據企業所在地區人民政府的有關規定，一次向社會保險機構支付所需要的生活及社會保險費用。

● 第二十二條

企業職工在職期間的福利待遇，按照國家有關規定執行。

◉- 第二十三條

企業應當按照當地人民政府的規定，提取使用中方職工住房基金。

◉- 第二十四條

企業職工享受國家規定的節假日、公休假日、探親假、婚喪假、女職工產假等假期。

◉- 第二十五條

企業因訂立集體合同與工會或工人代表發生爭議，爭議雙方協商不能解決的，可以由當地勞動行政部門組織爭議雙方協商處理；企業因履行集體合同發生的爭議，經雙方協商不能解決的，可以依法申請仲裁、提起訴訟。

◉- 第二十六條

企業的勞動爭議、勞動安全衛生、工傷事故報告和處理、工作時間、女職工和未成年工的特殊保護等，按國家規定執行。

◉- 第二十七條

企業或者職工一方違反勞動合同，侵害對方利益，給對方造成損失的，應當承擔賠償責任。

◉- 第二十八條

企業違反本規定招聘職工的，當地勞動行政部門對企業可以按被招聘者月平均工資的5－10倍處以罰款，並責令其退回招聘的職工。

◉- 第二十九條

企業職工工資低於當地最低工資標準的，由當地勞動行政部門責令其限期糾正，企業除按最低工資標準補齊外，還應按實發工資與最低工資標準差額的20％－100％發給職工賠償金。拒發實發工資與最低工資標準差額及賠償金的，對企業處以實發工資與最低工資標準差額及賠償金1至3倍的罰款。

隨意加班加點的，應立即改正，不改正的，按超規定總工時數每人當月實得工資的時、日平均數的5倍處以罰款。

◉ 第三十條

企業不為職工辦理社會保險手續的，應按照勞動行政部門規定的期限補辦；不按期繳納各項社會保險費的，應當從逾期之日起按日加收應繳金額20‰的滯納金。滯納金分別納入各項社會保險費用。

◉ 第三十一條

企業違反勞動安全衛生規定的，應令其限期改正或停業整頓，並按有關規定處以罰款。

◉ 第三十二條

阻撓或拒絕勞動行政部門進行勞動監察的，處以月經營及銷售收入1‰以下的罰款。

◉ 第三十三條

以上各項罰款，當地勞動行政部門應在對其警告後仍不改正的情況下，方可實施。

◉ 第三十四條

上述行政處罰，由勞動行政部門依法執行。罰款全部上交國庫。

◉ 第三十五條

華僑和臺灣、香港、澳門投資者在中國大陸投資舉辦的合資經營企業、合作經營企業和擁有全部資本的企業及股份有限公司，均適用本規定。

◉ 第三十六條

本規定由勞動部負責解釋。

本規定自發佈之日起施行。過去有關外商投資企業勞動管理規定與本規定有抵觸的，按本規定執行。

中華人民共和國外資企業法

（1986年4月12日第六屆全國人民代表大會第四次會議通過，根據
2000年10月31日第九屆全國人民代表大會常務委員會第十八次會議
《關於修改〈中華人民共和國外資企業法〉的決定》修正）

第一條

為了擴大對外經濟合作和技術交流，促進中國國民經濟的發展，中華
人民共和國允許外國的企業和其他經濟組織或者個人（以下簡稱外國
投資者）在中國境內舉辦外資企業，保護外資企業的合法權益。

第二條

本法所稱的外資企業是指依照中國有關法律在中國境內設立的全部資
本由外國投資者投資的企業，不包括外國的企業和其他經濟組織在中
國境內的分支機構。

第三條

設立外資企業，必須有利於中國國民經濟的發展。國家鼓勵舉辦產品
出口或者技術先進的外資企業。

國家禁止或者限制設立外資企業的行業由國務院規定。

第四條

外國投資者在中國境內的投資、獲得的利潤和其他合法權益，受中國
法律保護。

外資企業必須遵守中國的法律、法規，不得損害中國的社會公共利
益。

第五條

國家對外資企業不實行國有化和徵收；在特殊情況下，根據社會公

共利益的需要，對外資企業可以依照法律程式實行徵收，並給予相應的補償。

◉ 第六條

設立外資企業的申請，由國務院對外經濟貿易主管部門或者國務院授權的機關審查批准。審查批准機關應當在接到申請之日起九十天內決定批准或者不批准。

◉ 第七條

設立外資企業的申請經批准後，外國投資者應當在接到批准證書之日起三十天內向工商行政管理機關申請登記，領取營業執照。外資企業的營業執照簽發日期，為該企業成立日期。

◉ 第八條

外資企業符合中國法律關於法人條件的規定的，依法取得中國法人資格。

◉ 第九條

外資企業應當在審查批准機關核准的期限內在中國境內投資；逾期不投資的，工商行政管理機關有權吊銷營業執照。

工商行政管理機關對外資企業的投資情況進行檢查和監督。

◉ 第十條

外資企業分立、合併或者其他重要事項變更，應當報審查批准機關批准，並向工商行政管理機關辦理變更登記手續。

◉ 第十一條

外資企業依照經批准的章程進行經營管理活動，不受干涉。

◉ 第十二條

外資企業雇用中國職工應當依法簽定合同，並在合同中訂明雇用、解雇、報酬、福利、勞動保護、勞動保險等事項。

第十三條

外資企業的職工依法建立工會組織,開展工會活動,維護職工的合法權益。

外資企業應當為本企業工會提供必要的活動條件。

第十四條

外資企業必須在中國境內設置會計帳簿,進行獨立核算,按照規定報送會計報表,並接受財政稅務機關的監督。

外資企業拒絕在中國境內設置會計帳簿的,財政稅務機關可以處以罰款,工商行政管理機關可以責令停止營業或者吊銷營業執照。

第十五條

外資企業在批准的經營範圍內所需的原材料、燃料等物資,按照公平、合理的原則,可以在國內市場或者在國際市場購買。

第十六條

外資企業的各項保險應當向中國境內的保險公司投保。

第十七條

外資企業依照國家有關稅收的規定納稅並可以享受減稅、免稅的優惠待遇。

外資企業將繳納所得稅後的利潤在中國境內再投資的,可以依照國家規定申請退還再投資部分已繳納的部分所得稅稅款。

第十八條

外資企業的外匯事宜,依照國家外匯管理規定辦理。

外資企業應當在中國銀行或者國家外匯管理機關指定的銀行開戶。

第十九條

外國投資者從外資企業獲得的合法利潤、其他合法收入和清算後的資金,可以匯往國外。

外資企業的外籍職工的工資收入和其他正當收入，依法繳納個人所得稅後，可以匯往國外。

◉ 第二十條

外資企業的經營期限由外國投資者申報，由審查批准機關批准。期滿需要延長的，應當在期滿一百八十天以前向審查批准機關提出申請。審查批准機關應當在接到申請之日起三十天內決定批准或者不批准。

◉ 第二十一條

外資企業終止，應當及時公告，按照法定程式進行清算。

在清算完結前，除為了執行清算外，外國投資者對企業財產不得處理。

◉ 第二十二條

外資企業終止，應當向工商行政管理機關辦理註銷登記手續，繳銷營業執照。

◉ 第二十三條

國務院對外經濟貿易主管部門根據本法制定實施細則，報國務院批准後施行。

◉ 第二十四條

本法自公佈之日起施行。

 中華人民共和國外資企業法施行細則

（1990年10月28日國務院批准）1990年12月12日對外經濟貿易部發佈

根據2001年4月12日《國務院關於修改〈中華人民共和國外資企業法實施細則〉的決定》修訂）

第一章　　總則

◉ 第一條
根據《中華人民共和國外資企業法》的規定，制定本實施細則。

◉ 第二條
外資企業受中國法律的管轄和保護。
外資企業在中國境內從事經營活動，必須遵守中國的法律、法規，不得損害中國的社會公共利益。

◉ 第三條
設立外資企業，必須有利於中國國民經濟的發展，能夠取得顯著的經濟效益。國家鼓勵外資企業採用先進技術和設備，從事新產品開發，實現產品升級換代，節約能源和原材料，並鼓勵舉辦產品出口的外資企業。

◉ 第四條
禁止或者限制設立外資企業的行業，按照國家指導外商投資方向的規定及外商投資產業指導目錄執行。

◉ 第五條
申請設立外資企業，有下列情況之一的，不予批准：
（一）有損中國主權或者社會公共利益的；
（二）危及中國國家安全的；
（三）違反中國法律、法規的；
（四）不符合中國國民經濟發展要求的；

（五）可能造成環境污染的。

◉ 第六條

外資企業在批准的經營範圍內，自主經營管理，不受干涉。

第二章 設立程式(程序)

◉ 第七條

設立外資企業的申請，由中華人民共和國對外貿易經濟合作部（以下簡稱對外貿易經濟合作部）審查批准後，發給批准證書。

設立外資企業的申請屬於下列情形的，國務院授權省、自治區、直轄市和計劃單列市、經濟特區人民政府審查批准後，發給批准證書：

（一）投資總額在國務院規定的投資審批許可權以內的；

（二）不需要國家調撥原材料，不影響能源、交通運輸、外貿出口配額等全國綜合平衡的。

省、自治區、直轄市和計劃單列市、經濟特區人民政府在國務院授權範圍內批准設立外資企業，應當在批准後15天內報對外貿易經濟合作部備案（對外貿易經濟合作部和省、自治區、直轄市和計劃單列市、經濟特區人民政府，以下統稱審批機關）。

◉ 第八條

申請設立的外資企業，其產品涉及出口許可證、出口配額、進口許可證或者屬於國家限制進口的，應當依照有關管理許可權事先徵得對外經濟貿易主管部門的同意。

◉ 第九條

外國投資者在提出設立外資企業的申請前，應當就下列事項向擬設立外資企業所在地的縣級或者縣級以上地方人民政府提交報告。報告內

容包括：設立外資企業的宗旨；經營範圍、規模；生產產品；使用的技術設備；用地面積及要求；需要用水、電、煤、煤氣或者其他能源的條件及數量；對公共設施的要求等。

縣級或者縣級以上地方人民政府應當在收到外國投資者提交的報告之日起30天內以書面形式答覆外國投資者。

◉ 第十條

外國投資者設立外資企業，應當通過擬設立外資企業所在地的縣級或者縣級以上地方人民政府向審批機關提出申請，並報送下列文件：

（一）設立外資企業申請書；

（二）可行性研究報告；

（三）外資企業章程；

（四）外資企業法定代表人（或者董事會人選）名單；

（五）外國投資者的法律證明檔和資信證明檔；

（六）擬設立外資企業所在地的縣級或者縣級以上地方人民政府的書面答覆；

（七）需要進口的物資清單；

（八）其他需要報送的檔。

前款（一）、（三）項檔必須用中文書寫；（二）、（四）、（五）項檔可以用外文書寫，但應當附中文譯文。

兩個或者兩個以上外國投資者共同申請設立外資企業，應當將其簽訂的合同副本報送審批機關備案。

◉ 第十一條

審批機關應當在收到申請設立外資企業的全部檔之日起90天內決定批准或者不批准。審批機關如果發現上述檔不齊備或者有不當之處，可以要求限期補報或者修改。

◉ 第十二條

設立外資企業的申請經審批機關批准後，外國投資者應當在收到批准證書之日起30天內向工商行政管理機關申請登記，領取營業執照。外資企業的營業執照簽發日期，為該企業成立日期。

外國投資者在收到批准證書之日起滿30天未向工商行政管理機關申請登記的，外資企業批准證書自動失效。

外資企業應當在企業成立之日起30天內向稅務機關辦理稅務登記。

◉ 第十三條

外國投資者可以委託中國的外商投資企業服務機構或者其他經濟組織代為辦理本實施細則第八條、第九條第一款和第十條規定事宜，但須簽訂委託合同。

◉ 第十四條

設立外資企業的申請書應當包括下列內容：

（一）外國投資者的姓名或者名稱、住所、註冊地和法定代表人的姓名、國籍、職務；

（二）擬設立外資企業的名稱、住所；

（三）經營範圍、產品品種和生產規模；

（四）擬設立外資企業的投資總額、註冊資本、資金來源、出資方式和期限；

（五）擬設立外資企業的組織形式和機構、法定代表人；

（六）採用的主要生產設備及其新舊程度、生產技術、工藝水準及其來源；

（七）產品的銷售方向、地區和銷售管道、方式；

（八）外匯資金的收支安排；

（九）有關機構設置和人員編制，職工的招用、培訓、工資、福利、

保險、勞動保護等事項的安排；

（十）可能造成環境污染的程度和解決措施；

（十一）場地選擇和用地面積；

（十二）基本建設和生產經營所需資金、能源、原材料及其解決辦法
；

（十三）項目實施的進度計劃；

（十四）擬設立外資企業的經營期限。

● 第十五條

外資企業的章程應當包括下列內容：

（一）名稱及住所；

（二）宗旨、經營範圍；

（三）投資總額、註冊資本、出資期限；

（四）組織形式；

（五）內部組織機構及其職權和議事規則，法定代表人以及總經理、
總工程師、總會計師等人員的職責、許可權；

（六）財務、會計及審計的原則和制度；

（七）勞動管理；

（八）經營期限、終止及清算；

（九）章程的修改程式。

● 第十六條

外資企業的章程經審批機關批准後生效，修改時同。

● 第十七條

外資企業的分立、合併或者由於其他原因導致資本發生重大變動，須
經審批機關批准，並應當聘請中國的註冊會計師驗證和出具驗資報告
；經審批機關批准後，向工商行政管理機關辦理變更登記手續。

第三章　組織形式與註冊資本

◉ 第十八條

外資企業的組織形式為有限責任公司。經批准也可以為其他責任形式。

外資企業為有限責任公司的，外國投資者對企業的責任以其認繳的出資額為限。

外資企業為其他責任形式的，外國投資者對企業的責任適用中國法律、法規的規定。

◉ 第十九條

外資企業的投資總額，是指開辦外資企業所需資金總額，即按其生產規模需要投入的基本建設資金和生產流動資金的總和。

◉ 第二十條

外資企業的註冊資本，是指為設立外資企業在工商行政管理機關登記的資本總額，即外國投資者認繳的全部出資額。

外資企業的註冊資本要與其經營規模相適應，註冊資本與投資總額的比例應當符合中國有關規定。

◉ 第二十一條

外資企業在經營期內不得減少其註冊資本。但是，因投資總額和生產經營規模等發生變化，確需減少的，須經審批機關批准。

◉ 第二十二條

外資企業註冊資本的增加、轉讓，須經審批機關批准，並向工商行政管理機關辦理變更登記手續。

◉ 第二十三條

外資企業將其財產或者權益對外抵押、轉讓，須經審批機關批准並向

工商行政管理機關備案。

◉ 第二十四條

外資企業的法定代表人是依照其章程規定,代表外資企業行使職權的負責人。

法定代表人無法履行其職權時,應當以書面形式委託代理人,代其行使職權。

第四章　出資方式與期限

◉ 第二十五條

外國投資者可以用可自由兌換的外幣出資,也可以用機器設備、工業產權、專有技術等作價出資。

經審批機關批准,外國投資者也可以用其從中國境內舉辦的其他外商投資企業獲得的人民幣利潤出資。

◉ 第二十六條

外國投資者以機器設備作價出資的,該機器設備應當是外資企業生產所必需的設備。

該機器設備的作價不得高於同類機器設備當時的國際市場正常價格。

對作價出資的機器設備,應當列出詳細的作價出資清單,包括名稱、種類、數量、作價等,作為設立外資企業申請書的附件一併報送審批機關。

◉ 第二十七條

外國投資者以工業產權、專有技術作價出資的,該工業產權、專有技術應當為外國投資者所有。

該工業產權、專有技術的作價應當與國際上通常的作價原則相一致

，其作價金額不得超過外資企業註冊資本的20％。

對作價出資的工業產權、專有技術，應當備有詳細資料，包括所有權證書的複製件，有效狀況及其技術性能、實用價值，作價的計算根據和標準等，作為設立外資企業申請書的附件一併報送審批機關。

◉ 第二十八條

作價出資的機器設備運抵中國口岸時，外資企業應當報請中國的商檢機構進行檢驗，由該商檢機構出具檢驗報告。

作價出資的機器設備的品種、品質和數量與外國投資者報送審批機關的作價出資清單列出的機器設備的品種、品質和數量不符的，審批機關有權要求外國投資者限期改正。

◉ 第二十九條

作價出資的工業產權、專有技術實施後，審批機關有權進行檢查。該工業產權、專有技術與外國投資者原提供的資料不符的，審批機關有權要求外國投資者限期改正。

◉ 第三十條

外國投資者繳付出資的期限應當在設立外資企業申請書和外資企業章程中載明。外國投資者可以分期繳付出資，但最後一期出資應當在營業執照簽發之日起3年內繳清。其中第一期出資不得少於外國投資者認繳出資額的15％，並應當在外資企業營業執照簽發之日起90天內繳清。

外國投資者未能在前款規定的期限內繳付第一期出資的，外資企業批准證書即自動失效。外資企業應當向工商行政管理機關辦理登出登記手續，繳銷營業執照；不辦理登出登記手續和繳銷營業執照的，由工商行政管理機關吊銷其營業執照，並予以公告。

◉ 第三十一條

第一期出資後的其他各期的出資，外國投資者應當如期繳付。

無正當理由逾期30天不出資的，依照本實施細則第三十條第二款的
規定處理。

外國投資者有正當理由要求延期出資的，應當經審批機關同意，並報
工商行政管理機關備案。

◉ 第三十二條

外國投資者繳付每期出資後，外資企業應當聘請中國的註冊會計師驗
證，並出具驗資報告，報審批機關和工商行政管理機關備案。

第五章　用地及其費用

◉ 第三十三條

外資企業的用地，由外資企業所在地的縣級或者縣級以上地方人民政
府根據本地區的情況審核後，予以安排。

◉ 第三十四條

外資企業應當在營業執照簽發之日起30天內，持批准證書和營業執
照到外資企業所在地縣級或者縣級以上地方人民政府的土地管理部門
辦理土地使用手續，領取土地證書。

◉ 第三十五條

土地證書為外資企業使用土地的法律憑證。外資企業在經營期限內未
經批准，其土地使用權不得轉讓。

◉ 第三十六條

外資企業在領取土地證書時，應當向其所在地土地管理部門繳納土地
使用費。

◉ 第三十七條

外資企業使用經過開發的土地，應當繳付土地開發費。

前款所指土地開發費包括徵地拆遷安置費用和為外資企業配套的基礎設施建設費用。土地開發費可由土地開發單位一次性計收或者分年計收。

◉ 第三十八條

外資企業使用未經開發的土地，可以自行開發或者委託中國有關單位開發。基礎設施的建設，應當由外資企業所在地縣級或者縣級以上地方人民政府統一安排。

◉ 第三十九條

外資企業的土地使用費和土地開發費的計收標準，依照中國有關規定辦理。

◉ 第四十條

外資企業的土地使用年限，與經批准的該外資企業的經營期限相同。

◉ 第四十一條

外資企業除依照本章規定取得土地使用權外，還可以依照中國其他法規的規定取得土地使用權。

第六章　購買與銷售

◉ 第四十二條

外資企業有權自行決定購買本企業自用的機器設備、原材料、燃料、零部件、配套件、元器件、運輸工具和辦公用品等（以下統稱「物資」）。

外資企業在中國購買物資，在同等條件下，享受與中國企業同等的待遇。

◉ 第四十三條

外資企業可以在中國市場銷售其產品。國家鼓勵外資企業出口其生產

的產品。

◉ 第四十四條

外資企業有權自行出口本企業生產的產品，也可以委託中國的外貿
公司代銷或者委託中國境外的公司代銷。

外資企業可以自行在中國銷售本企業生產的產品，也可以委託商業機
構代銷其產品。

◉ 第四十五條

外國投資者作為出資的機器設備，依照中國規定需要領取進口許可證
的，外資企業憑批准的該企業進口設備和物資清單直接或者委託代理
機構向發證機關申領進口許可證。

外資企業在批准的經營範圍內，進口本企業自用並為生產所需的物資
，依照中國規定需要領取進口許可證的，應當編制年度進口計劃，每
半年向發證機關申領一次。

外資企業出口產品，依照中國規定需要領取出口許可證的，應當編制
年度出口計劃，每半年向發證機關申領一次。

◉ 第四十六條

外資企業進口的物資以及技術勞務的價格不得高於當時的國際市場同
類物資以及技術勞務的正常價格。外資企業的出口產品價格，由外資
企業參照當時的國際市場價格自行確定，但不得低於合理的出口價格
。用高價進口、低價出口等方式逃避稅收的，稅務機關有權根據稅法
規定，追究其法律責任。

◉ 第四十七條

外資企業應當依照《中華人民共和國統計法》及中國利用外資統計制
度的規定，提供統計資料，報送統計報表。

第七章　稅務

◉ 第四十八條

外資企業應當依照中國法律、法規的規定，繳納稅款。

◉ 第四十九條

外資企業的職工應當依照中國法律、法規的規定，繳納個人所得稅。

◉ 第五十條

外資企業進口下列物資，依照中國稅法的有關規定減稅、免稅：

（一）外國投資者作為出資的機器設備、零部件、建設用建築材料以及安裝、加固機器所需材料；

（二）外資企業以投資總額內的資金進口本企業生產所需的自用機器設備、零部件、生產用交通運輸工具以及生產管理設備；

（三）外資企業為生產出口產品而進口的原材料、輔料、元器件、零部件和包裝物料。

前款所述的進口物資，經批准在中國境內轉賣或者轉用於生產在中國境內銷售的產品，應當依照中國稅法納稅或者補稅。

◉ 第五十一條

外資企業生產的出口產品，除中國限制出口的以外，依照中國稅法的有關規定減稅、免稅或者退稅。

第八章　外匯管理

◉ 第五十二條

外資企業的外匯事宜，應當依照中國有關外匯管理的法規辦理。

◉ 第五十三條

外資企業憑工商行政管理機關發給的營業執照，在中國境內可以經營

外匯業務的銀行開立賬戶，由開戶銀行監督收付。

外資企業的外匯收入，應當存入其開戶銀行的外匯賬戶；外匯支出，應當從其外匯賬戶中支付。

● 第五十四條

外資企業因生產和經營需要在中國境外的銀行開立外匯賬戶，須經中國外匯管理機關批准，並依照中國外匯管理機關的規定定期報告外匯收付情況和提供銀行對賬單。

● 第五十五條

外資企業中的外籍職工和港澳臺職工的工資和其他正當的外匯收益，依照中國稅法納稅後，可以自由匯出。

第九章　財務會計

● 第五十六條

外資企業應當依照中國法律、法規和財政機關的規定，建立財務會計制度並報其所在地財政、稅務機關備案。

● 第五十七條

外資企業的會計年度自公曆年的1月1日起至12月31日止。

● 第五十八條

外資企業依照中國稅法規定繳納所得稅後的利潤，應當提取儲備基金和職工獎勵及福利基金。儲備基金的提取比例不得低於稅後利潤的10％，當累計提取金額達到註冊資本的50％時，可以不再提取。職工獎勵及福利基金的提取比例由外資企業自行確定。

外資企業以往會計年度的虧損未彌補前，不得分配利潤；以往會計年度未分配的利潤，可與本會計年度可供分配的利潤一併分配。

◉ 第五十九條

外資企業的自製會計憑證、會計賬簿和會計報表，應當用中文書寫；用外文書寫的，應當加注中文。

◉ 第六十條

外資企業應當獨立核算。

外資企業的年度會計報表和清算會計報表，應當依照中國財政、稅務機關的規定編制。以外幣編報會計報表的，應當同時編報外幣折合為人民幣的會計報表。

外資企業的年度會計報表和清算會計報表，應當聘請中國的註冊會計師進行驗證並出具報告。

第二款和第三款規定的外資企業的年度會計報表和清算會計報表，連同中國的註冊會計師出具的報告，應當在規定的時間內報送財政、稅務機關，並報審批機關和工商行政管理機關備案。

◉ 第六十一條

外國投資者可以聘請中國或者外國的會計人員查閱外資企業賬簿，費用由外國投資者承擔。

◉ 第六十二條

外資企業應當向財政、稅務機關報送年度資產負債表和損益表，並報審批機關和工商行政管理機關備案。

◉ 第六十三條

外資企業應當在企業所在地設置會計賬簿，並接受財政、稅務機關的監督。

違反前款規定的，財政、稅務機關可以處以罰款，工商行政管理機關可以責令停止營業或者吊銷營業執照。

第十章　職工

◉ 第六十四條

外資企業在中國境內雇用職工，企業和職工雙方應當依照中國的法律、法規簽訂勞動合同。合同中應當訂明雇用、辭退、報酬、福利、勞動保護、勞動保險等事項。

外資企業不得雇用童工。

◉ 第六十五條

外資企業應當負責職工的業務、技術培訓，建立考核制度，使職工在生產、管理技能方面能夠適應企業的生產與發展需要。

第十一章　工會

◉ 第六十六條

外資企業的職工有權依照《中華人民共和國工會法》的規定，建立基層工會組織，開展工會活動。

◉ 第六十七條

外資企業工會是職工利益的代表，有權代表職工同本企業簽訂勞動合同，並監督勞動合同的執行。

◉ 第六十八條

外資企業工會的基本任務是：依照中國法律、法規的規定維護職工的合法權益，協助企業合理安排和使用職工福利、獎勵基金；組織職工學習政治、科學技術和業務知識，開展文藝、體育活動；教育職工遵守勞動紀律，努力完成企業的各項經濟任務。

外資企業研究決定有關職工獎懲、工資制度、生活福利、勞動保護

和保險問題時，工會代表有權列席會議。外資企業應當聽取工會的意見，取得工會的合作。

◉ 第六十九條

外資企業應當積極支持本企業工會的工作，依照《中華人民共和國工會法》的規定，為工會組織提供必要的房屋和設備，用於辦公、會議、舉辦職工集體福利、文化、體育事業。外資企業每月按照企業職工實發工資總額的2％撥交工會經費，由本企業工會依照中華全國總工會制定的有關工會經費管理辦法使用。

第十二章　期限、終止與清算

◉ 第七十條

外資企業的經營期限，根據不同行業和企業的具體情況，由外國投資者在設立外資企業的申請書中擬訂，經審批機關批准。

◉ 第七十一條

外資企業的經營期限，從其營業執照簽發之日起計算。

外資企業經營期滿需要延長經營期限的，應當在距經營期滿180天前向審批機關報送延長經營期限的申請書。審批機關應當在收到申請書之日起30天內決定批准或者不批准。

外資企業經批准延長經營期限的，應當自收到批准延長期限檔之日起30天內，向工商行政管理機關辦理變更登記手續。

◉ 第七十二條

外資企業有下列情形之一的，應予終止：

（一）經營期限屆滿；

（二）經營不善，嚴重虧損，外國投資者決定解散；

（三）因自然災害、戰爭等不可抗力而遭受嚴重損失，無法繼續經營；

（四）破產；

（五）違反中國法律、法規，危害社會公共利益被依法撤銷；

（六）外資企業章程規定的其他解散事由已經出現。

外資企業如存在前款第（二）、（三）、（四）項所列情形，應當自行提交終止申請書，報審批機關核準。審批機關作出核準的日期為企業的終止日期。

● 第七十三條

外資企業依照本實施細則第七十二條第（一）、（二）、（三）、（六）項的規定終止的，應當在終止之日起15天內對外公告並通知債權人，並在終止公告發出之日起15天內，提出清算程式、原則和清算委員會人選，報審批機關審核後進行清算。

● 第七十四條

清算委員會應當由外資企業的法定代表人、債權人代表以及有關主管機關的代表組成，並聘請中國的註冊會計師、律師等參加。

清算費用從外資企業現存財產中優先支付。

● 第七十五條

清算委員會行使下列職權：

（一）召集債權人會議；

（二）接管並清理企業財產，編制資產負債表和財產目錄；

（三）提出財產作價和計算依據；

（四）制定清算方案；

（五）收回債權和清償債務；

（六）追回股東應繳而未繳的款項；

（七）分配剩餘財產；

（八）代表外資企業起訴和應訴。

◉ 第七十六條

外資企業在清算結束之前，外國投資者不得將該企業的資金匯出或者
攜出中國境外，不得自行處理企業的財產。

外資企業清算結束，其資產淨額和剩餘財產超過註冊資本的部分視同
利潤，應當依照中國稅法繳納所得稅。

◉ 第七十七條

外資企業清算結束，應當向工商行政管理機關辦理登出登記手續，
繳銷營業執照。

◉ 第七十八條

外資企業清算處理財產時，在同等條件下，中國的企業或者其他經濟
組織有優先購買權。

◉ 第七十九條

外資企業依照本實施細則第七十二條第（四）項的規定終止的，參照
中國有關法律、法規進行清算。

外資企業依照本實施細則第七十二條第（五）項的規定終止的，依照
中國有關規定進行清算。

第十三章　　附則

◉ 第八十條

外資企業的各項保險，應當向中國境內的保險公司投保。

◉ 第八十一條

外資企業與其他公司、企業或者經濟組織以及個人簽訂合同，適用《

中華人民共和國合同法》。

● 第八十二條

香港、澳門、台灣地區的公司、企業和其他經濟組織或者個人以及在國外居住的中國公民在大陸設立全部資本為其所有的企業，參照本實施細則辦理。

● 第八十三條

外資企業中的外籍職工和港澳臺職工可帶進合理自用的交通工具和生活物品，並依照中國規定辦理進口手續。

● 第八十四條

本實施細則自公佈之日起施行。

北京市人民政府關於外國企業常駐代表機構聘用中國雇員的管理規定

● 第一條

為保護外國企業常駐代表機構和中國雇員的合法權益，維護外事服務工作秩序，促進對外開放的順利進行，根據國家有關規定，結合本市實際情況，制定本規定。

● 第二條

本規定適用於本市行政區域內的下列單位和個人：

(一)招聘中國雇員的外國企業常駐代表機構；

(二)向外國企業常駐代表求職應聘(包括首席代表或者代表)或者以

業務合作、培訓、交流等方式到外國企業常駐代表機構工作的中國公民(以下統稱中國雇員)；

(三)經國家有關部門批准的向外國企業常駐代表機構提供中國雇員的外事服務單位(以下簡稱外事服務單位)。

◉ 第三條

市人民政府外事辦公室是本市外事服務工作的歸口管理機關。

市對外經濟貿易委員會、市工商行政管理局、市人事局、市勞動局、市公安局、市國家稅務局、市地方稅務局等有關行政管理機關應當依照各自的職責許可權，依法對外事服務工作進行監督管理。

◉ 第四條

外事服務單位經國家有關部門批准後，可以在本市行政區域內從事向外國企業常駐代表機構提供中國雇員的業務；未經批准，任何單位和個人均不得從事向外國企業常駐代表機構提供中國雇員的業務。

◉ 第五條

外國企業常駐代表機構招聘中國雇員，必須委託外事服務單位辦理，不得私自或者委託其他單位、個人招聘中國雇員。

◉ 第六條

中國公民必須通過外事服務單位向外國企業常駐代表機構求職應聘，不得私自或者通過其他單位、個人到外國企業常駐代表機構求職應聘。

◉ 第七條

外事服務單位向外國企業常駐代表機構提供的中國雇員，必須符合下列條件：

(一)具有本市常住戶口或者已取得本市公安機關核發的《暫住證》；

(二)符合有關法律、法規的其他規定。

◉ 第八條

外事服務單位應當按照《中華人民共和國勞動法》的規定與中國雇員簽訂勞動合同，並依法為中國雇員繳納社會保險費用。

外事服務單位與中國雇員發生勞動爭議，應當按照《中華人民共和國勞動法》的規定處理。

◉ 第九條

外事服務單位應當自簽訂勞動合同之日起十五日內向市工商行政管理局申請領取《雇員證》或者《代表證》、辦理登記，並向市公安局備案。

《雇員證》和《代表證》是中國雇員在外國企業常駐代表機構中工作的合法憑證。未取得《雇員證》或者《代表證》的中國公民，不得在外國企業常駐代表機構中工作。

◉ 第十條

外事服務單位採取通過大眾傳播媒體或者舉辦招聘會、洽談會、交流會等方式為外國企業常駐代表機構招聘中國雇員提供服務的，必須依照本市的有關規定，到市人事局、市勞動局辦理審批手續。

◉ 第十一條

對違反本規定的行為，按下列規定視情節輕重予以處罰：

(一)對違反本規定第四條的規定向外國企業常駐代表機構提供中國雇員的，由市工商行政管理局責令限期改正，並處以1萬元以上5萬元以下罰款；

(二)對私自招聘中國雇員的外國企業常駐代表機構，由市工商行政管理局責令限期改正，並處以1萬元以上5萬元以下罰款；

(三)對無《雇員證》或者《代表證》私自到外國企業常駐代表機構工作的中國公民，由市工商行政管理局責令限期改正，並處以5000元

罰款；

(四)外事服務單位違反本規定第七條的規定向外國企業常駐代表機構提供中國雇員的或者不按規定向市工商行政管理局領取《雇員證》、《代表證》或者辦理登記、變更手續的，由市工商行政管理局處以5000元以上5萬元以下罰款；

(五)外事服務單位違反法律、法規和規章，影響外事服務工作秩序的，由市人民政府外事辦公室責令改正，並由有關管理部門按照規定予以處理；情節嚴重的，經市人民政府批准，報請國家有關部門取消其在本市行政區域內從事向外國企業常駐代表機構提供中國雇員的業務資格。

◉ 第十二條

華僑和香港、澳門、臺灣同胞在境外設立的公司、企業和其他經濟組織，其駐京代表機構參照本規定執行。

◉ 第十三條

本規定具體執行中的問題，由市人民政府外事辦公室負責解釋。

◉ 第十四條

本規定自1996年6月15日起施行。

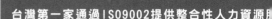
外勞事業部

- ▶ 據點多－汎亞外勞事業部在台灣擁有八家分公司，從台北到高雄服務網路綿密，一家簽約八家服務。
- ▶ 服務佳－全台灣泰、菲、印、越雙語翻譯人員共計達三十八位之多，可隨時依客戶需求調派，達到最佳的服務品質。
- ▶ 系統強－由汎亞自行研發領先業界的外勞管理系統，可隨時修改，讓客戶完整掌握狀況。

國際勞務事業部

- ▶ 節省營運成本－東南亞國家雇員薪資低廉，節省企業大筆人事費用。
- ▶ 國際技術交流－國際人才仲介可引進各階層人員，提供專業技術及工作效能。
- ▶ 掌握時代趨勢－國際人才交流，協助企業掌握世界產業脈動，擬訂最佳策略方針。

人力派遣事業部

- ▶ 減少人事作業－人事行政皆由派遣公司專責執行，提昇企業人資部門產能。
- ▶ 彈性人力運用－配合企業淡、旺季人力調派，使企業無需擔心人力短缺，並有效解決企業頭痛的勞資問題。
- ▶ 降低成本控制－以派遣員工執行非核心工作，降低人事成本及管理費用。
- ▶ 提昇核心競爭力－非核心工作由派遣員工執行，企業可專心培育核心人才，提昇競爭力。

高階人才事業部

- ▶ 客製化服務－深入瞭解企業，有效為企業網羅高階人才或職場專業菁英。
- ▶ 資深顧問群－強調團隊精神，迅速有效率的滿足企業及人才需求。
- ▶ 免費諮詢服務－針對就業市場、專業人才招募或人力仲介服務問題，提供免費諮詢服務。

家事服務事業部

▶ 換傭空檔銜接服務－提供台籍幫傭服務，彌補雇主換傭空檔的銜接時間。

▶ 免費外傭安全講習－不定期舉辦外傭安全講習，提升外傭居家安全須知，並定期寄發免費「凱文維妮」月刊，即時通知雇主最新法令規範。

▶ 提供外傭服務手冊－由汎亞平面媒體部「汎亞人力出版」，出版各國語言書籍，並以專業人士錄製會話CD，隨外傭的到達同時贈送雇主，透過書籍與CD的雙重溝通，縮短外傭與雇主間的適應磨合期。

教育訓練事業部

▶ 超強師資－提供企業人才進修與內部人員專業訓練的最佳管道。

▶ 學位與專業能力的雙重提升－提供連續十年榮獲全美前十名的帝博大學在職MBA(2005全美在職MBA排名第七)的優秀課程，給予專業人士在台進修繼續深造。

▶ 汎亞文化事業與高速獵人為汎亞人力資源的關係企業，我們將所有在汎亞進修的學員作一串聯，提供學員畢業後相關高薪就業管道。

網路事業部

▶ 家族性人力銀行－www.9999.com.tw，為台灣地區三大求職、求才入口網站之一。

▶ 在地化優勢－以差異化行銷，滿足客戶求職、求才需求。

▶ 結案報告書－主動告知求才廠商，於刊登期間結果分析及建議。

平面媒體事業部

▶ 汎亞人資出版提供人資新知－台灣專業人力資源出版社「汎果出版」，網羅台灣人資界資深作者、學者，提供企業主、經理人、主管及一般讀者，最新人力資源新知。

莊周企業管理顧問有限公司

莊周企管顧問公司創立於 1997 年 5 月，專精於台灣與中國大陸的人力資源管理、勞動法令、勞資關係與企業制度規劃…等各項領域。

創立以來，已先後輔導、授課兩岸數百餘家中大型企業，實務經驗為業界翹楚。莊周企管為人力資源專業的支援服務公司，協助企業在組織變革、企業併購、關廠歇業、人力資源成本分析、台商人力資源管理服務、勞資關係危機處理過程中能順利進行，掌握前瞻成功的契機。2001 年，因應中國大陸人力資源管理發展，建立上海據點，

並在中國大陸各地與當地同業建立策略聯盟夥伴，提供人力資源管理專業顧問、線上諮詢等服務，以及各類生產、營銷、一般經營培訓…等課程服務。同時，為兩岸台商提供有關派外管理制度的顧問規劃、派駐人員行前訓練…等，以協助客戶邁向人力資源國際化需求的發展服務。

四大服務項目：

勞資關係危機處理	人力資源管理
• 勞動法令與爭議事件諮詢 • 人力精簡、重整、關廠、併購 • 部門主管的人資管理	• 人力資源制度設計規劃 • 人才培訓發展、e-Learning • 績效管理、薪酬設計、滿意度調查
職場關係及團隊建構	跨文化人才整合諮詢
• 職場壓力紓解與管理 • EAP及員工心理輔導轉介 • 團隊建構、共識營活動	• 兩岸人力資源管理制度整合 • 兩岸跨文化溝通管理與適應 • 兩岸三地勞動法令整合服務 • 人才交流與專業招聘代工

三大服務結構：

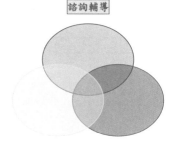

諮詢輔導

培訓服務

兩岸整合

莊周企業管理顧問有限公司
110 臺北市基隆路一段 149 號 12 樓之 2
TEL：886-2-2753-3188
FAX：886-2-2753-2680
E-Mail：service@erc.com.tw
Website：http://www.erc.com.tw

上海宏利企業管理諮詢有限公司
200235 上海市徐匯區漕宝路 70 號光大會展中心 C 座 2005 室
TEL：86-021-64326255
FAX：86-021-64326265
E-Mail：service@zhuangzhou.com.cn
Website：http://www.zhuangzhou.com.cn

莊周企業管理顧問有限公司
【服務項目】

壹、兩岸人力資源管理諮詢輔導專案及常年顧問

為協助台商企業前進中國大陸所產生的各種人力資源管理需求，莊周企管以最專業之顧問團隊，提供人力資源部門最佳解決方案。

並以「兩岸常年顧問諮詢服務」來提供企業日常管理中的強力支援後盾！是企業應變各項勞動法令與勞資爭議衝擊的專業顧問！

包括：

一、當地勞動法令與管理技術之諮詢服務

二、台商派外管理制度與當地化聘僱輔導

三、企業兩岸人資管理制度之診斷、諮詢、整合（長、短期專案顧問）

四、企業購併、結合人力資源管理整合輔導

五、其他人力資源管理專案與調查活動……

～　歡迎來電查詢相關細節或討論其他需求：(02)2753-3188　～

貳、企業培訓課程服務

一、台商企業培訓體系與制度規劃輔導

◎ 協助建立完整的企業培訓體系（制度）

◎ 協助規劃企業年度培訓計劃

◎ 講師培訓與資源整合、訓練教材研發與製作

二、承辦企業內訓課程

◎ 勞動法令類、勞資關係類、人力資源管理類、一般經營管理類

◎ 主管培訓(MTP、TWI)

◎ 派外人員行前訓練（跨文化管理培訓）

◎ 體驗學習課程：

結合團隊組織，並根據實際情況選擇室內外培訓教育，包括管理遊戲、戶外拓展訓練、角色扮演、案例分析、腦力激盪…等等。

◎ 其他（依客戶提出培訓需求進行規劃）

★所有課程規劃皆可依企業實際需求調整內容。

國家圖書館出版品預行編目資料

西進大陸不冒險/大陸人資管理手冊-下集　：
周昌湘　著. --
初版. - - 臺北市　：　汎亞人力，2007〔民96〕
面　；公分. - - (人力資源管理實務：04)
參考書目：面
ISBN-13：978-986-82576-8-9 (全套：平裝)
ISBN-10：986-82576-8-9
1.人力管理　　　　　　　　　2.人力資源-管理
494.3　　　　　　　　　　　95026273

西進大陸不冒險！
周昌湘　著
（大陸人資管理手冊-下集）

發行 / 蔡宗志

地址 / 台北市106大安區和平東路二段295號10樓

出版 / 汎亞人力資源管理顧問有限公司

編輯群 / 楊平遠、許雅綉、郭守軒、張奴甄、許惠玲、吳玥彤

校對 / 周昌湘、林嘉惠、許雅綉

總經銷：大眾雨晨圖書有限公司
地址：235台北縣中和市中正路872號10樓
電話：(02) 3234-7887
傳真：(02) 3234-3931

2007年02月初版

初版一刷

書籍(附光碟) 兩冊合售NT$ 499 元